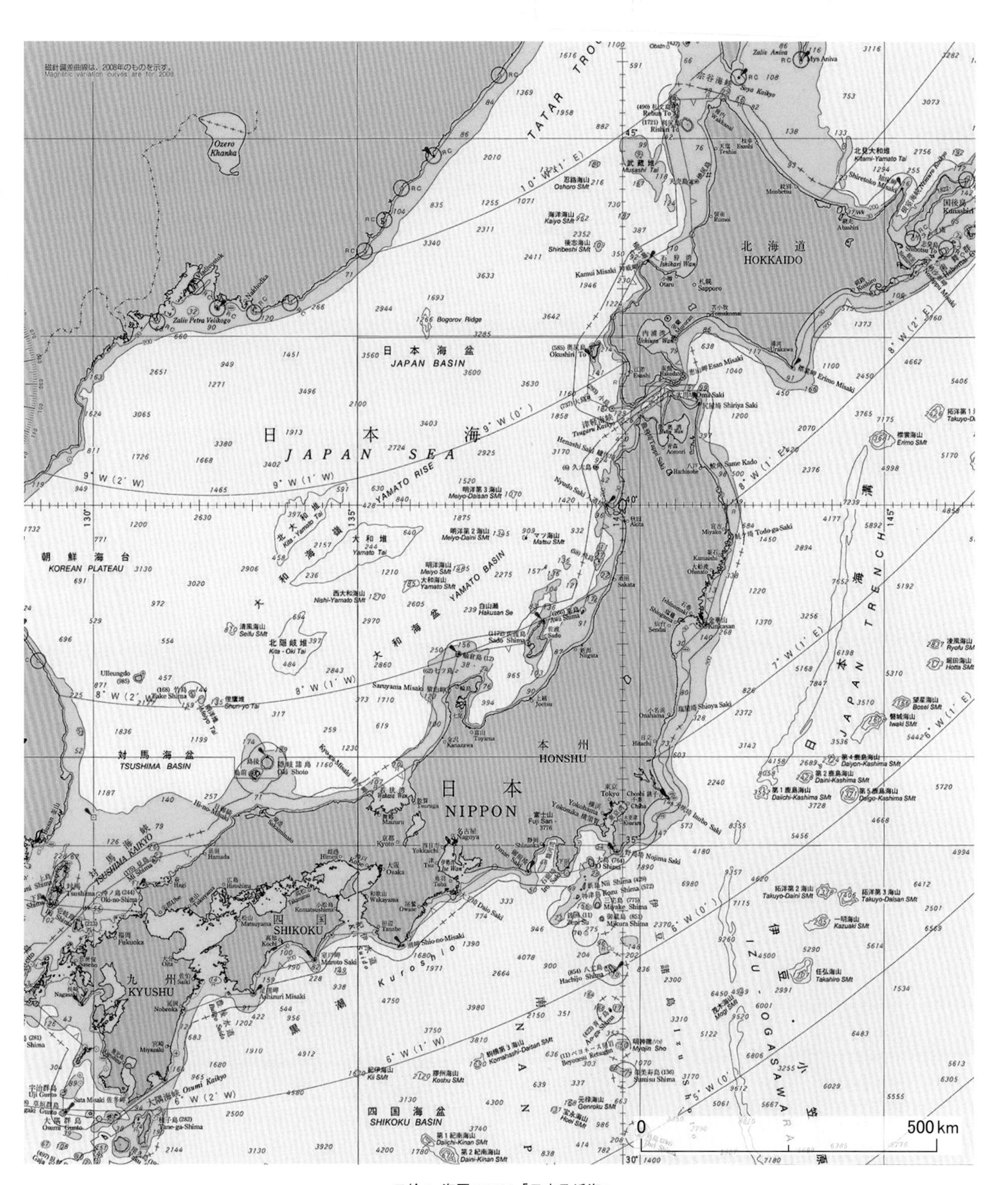

口絵 1　海図 W1009「日本及近海」

（縮尺 500 万分の1の一部を縮小、本州など主要 4 島周辺）

第1章　海図は生きている

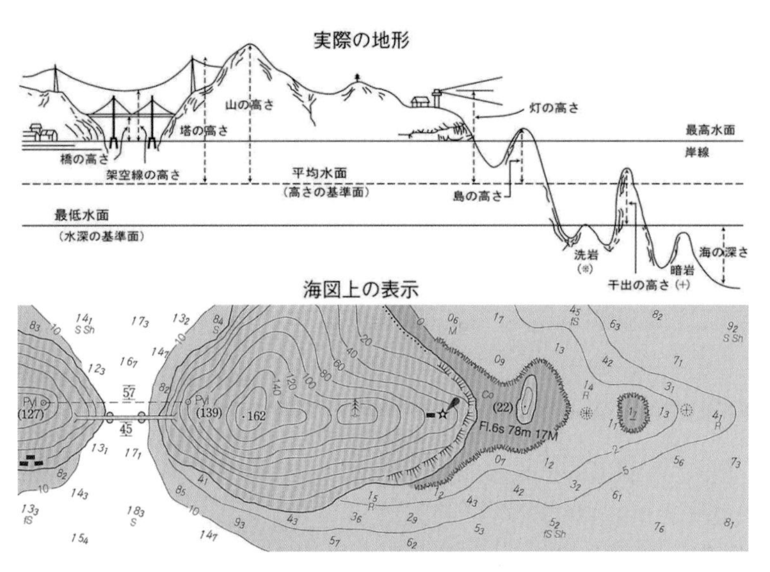

口絵 2　海図の水深・高さの基準面（一財日本水路協会による）

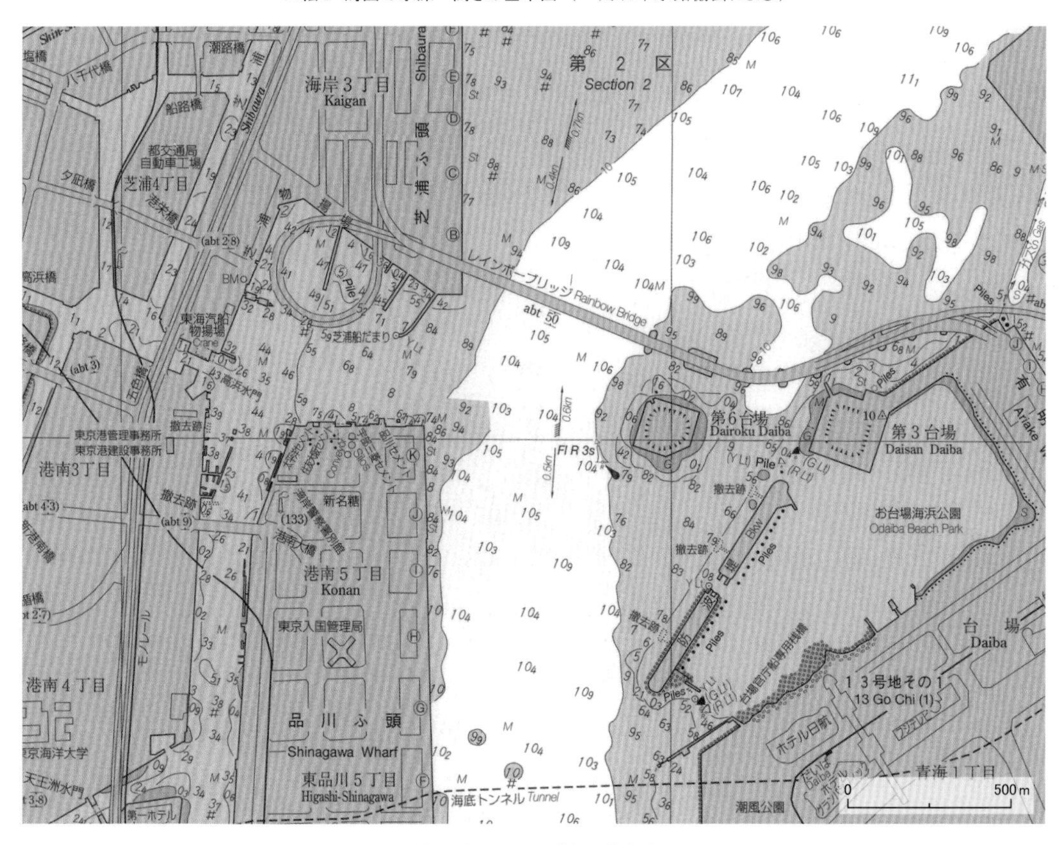

口絵 3　海図 W1065「京浜港東京」
（縮尺 1 万 5 千分の 1 の一部を縮小）

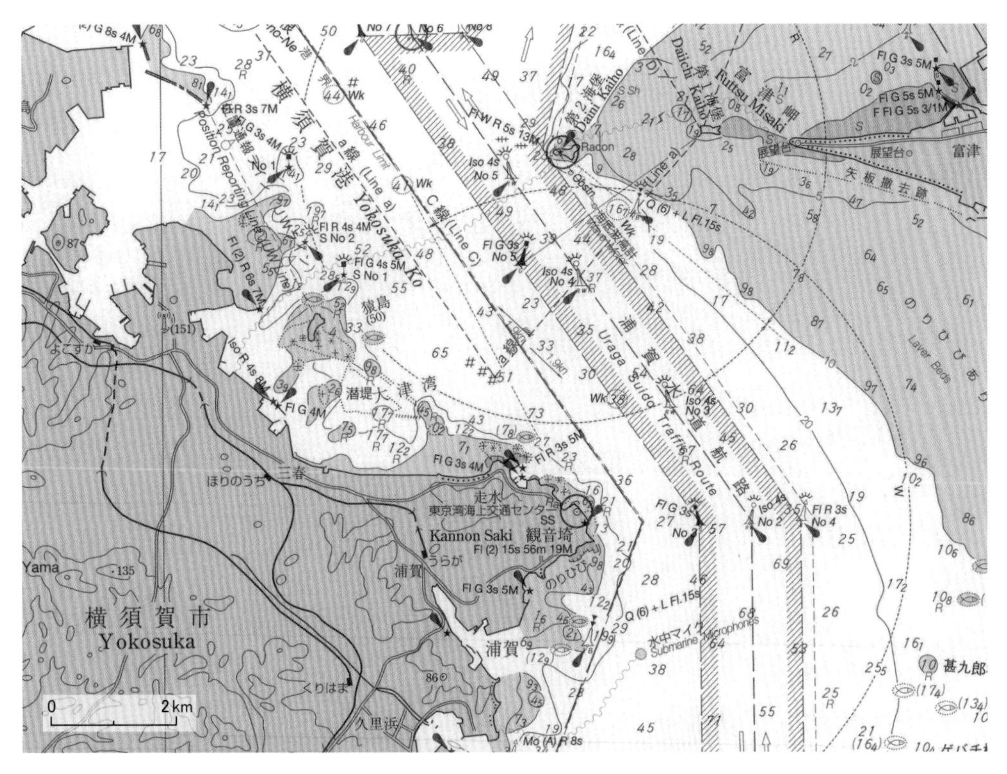

口絵 4　海図 W90「東京湾」
（縮尺 10 万分の 1 の一部を縮小）

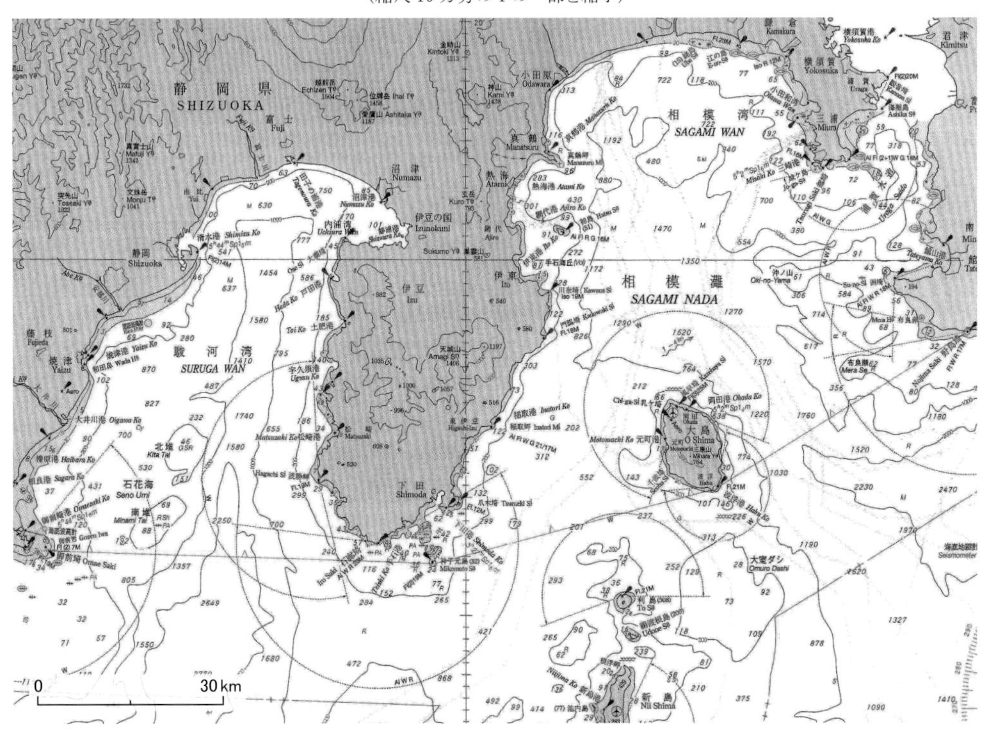

口絵 5　海図 W61B「東京湾至潮岬」
（縮尺 50 万分の1の一部を縮小）

第２章　海図の地名 －海底は地球最後のフロンティア－

口絵６ 日本周辺の主な海底地形名（海のアトラスに加筆）

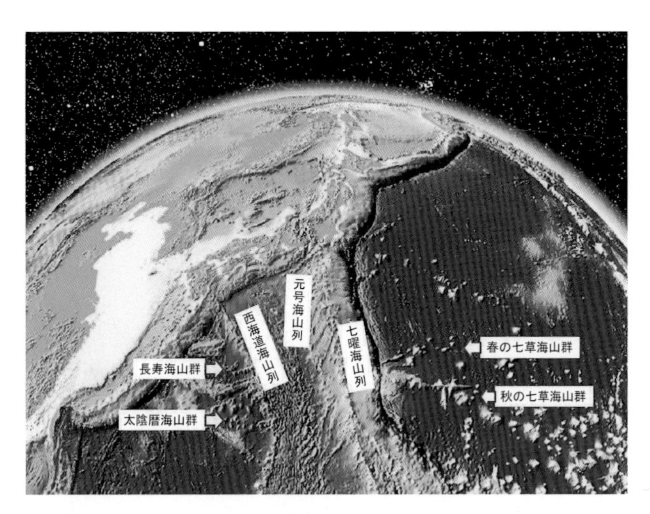

口絵 7　日本南方の和風海山群

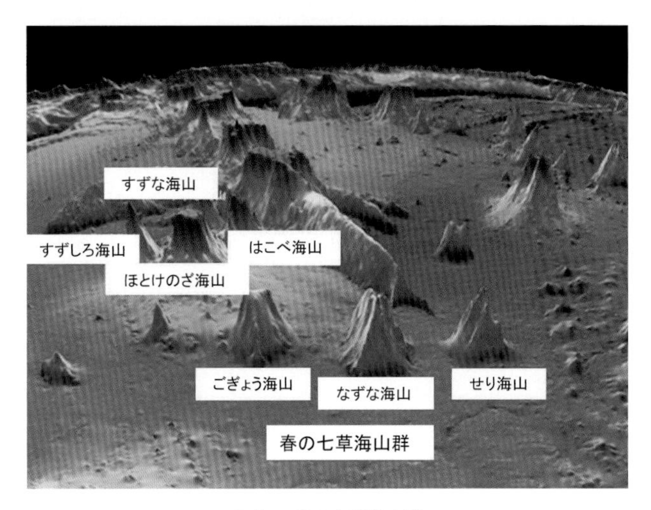

口絵 8　春の七草海山群

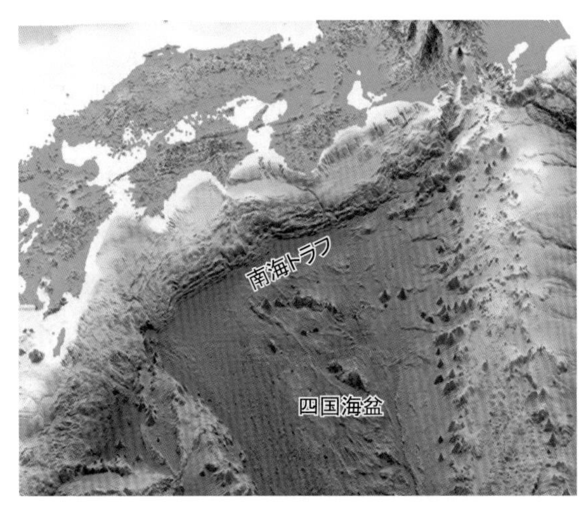

口絵 9　西日本南方と南海トラフ（海のアトラスによる）

口絵 10　日本海の海底地形（海のアトラスによる）

第３章　新たな海の秩序と海図の役割 

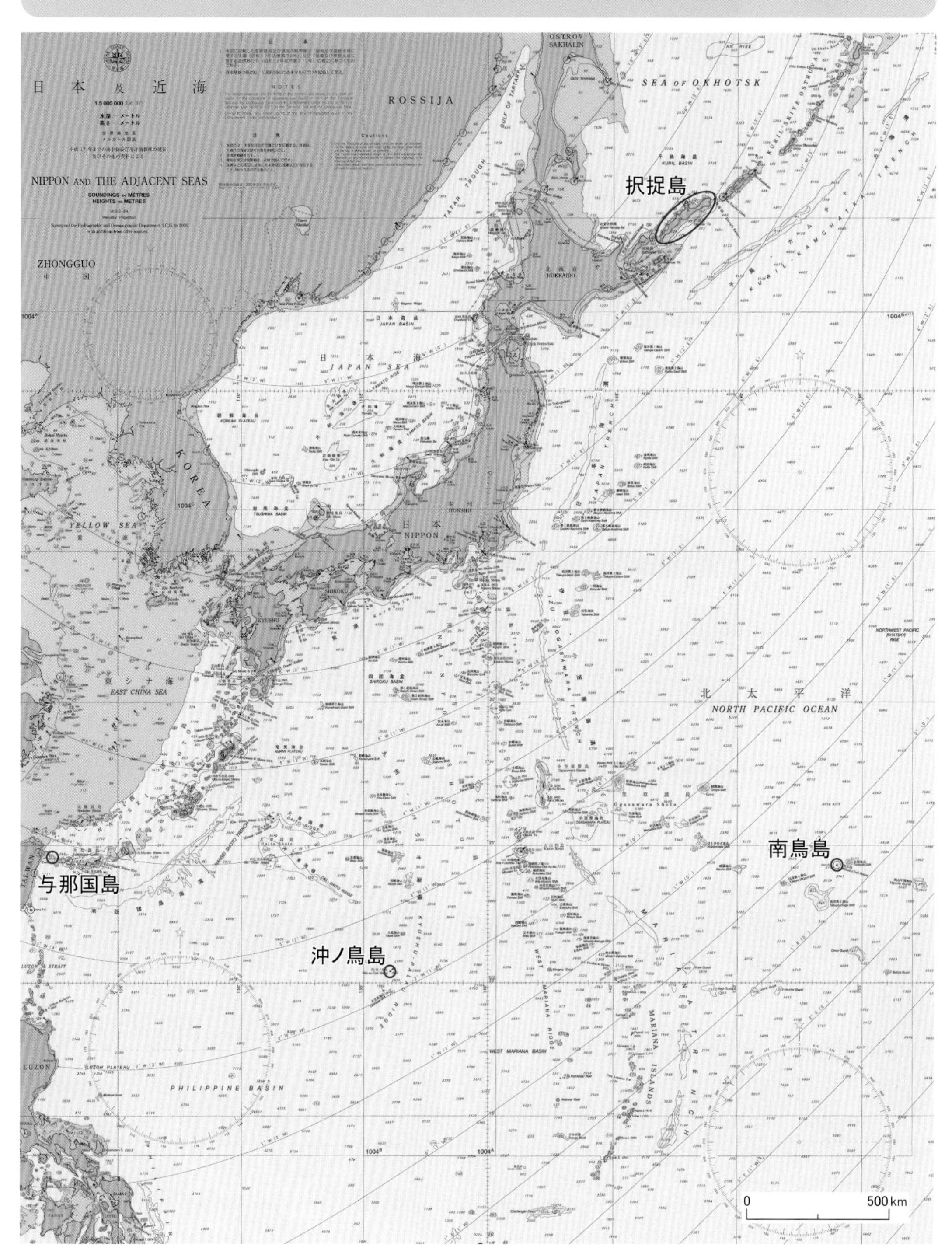

口絵 11　海図 W1009「日本及近海」
（縮尺 500 万分の1の一部を縮小、日本の全領域を表示）

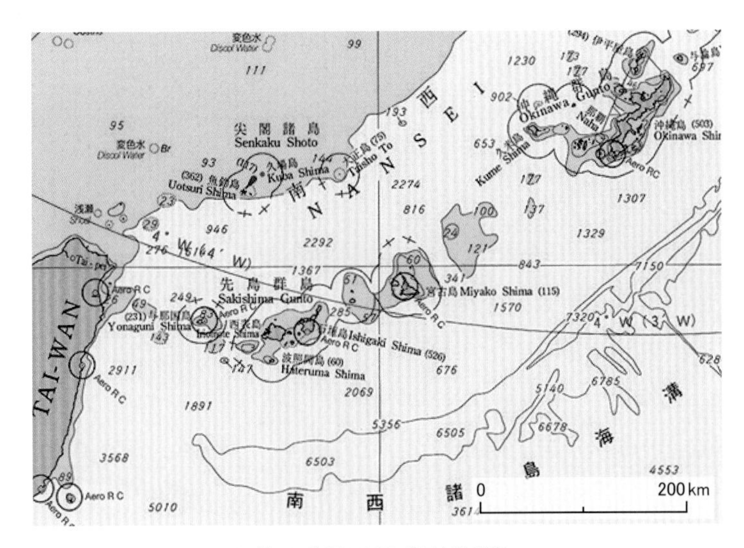

口絵 12　海図 W1009「日本及近海」

（縮尺 500 万分の1の一部を縮小）

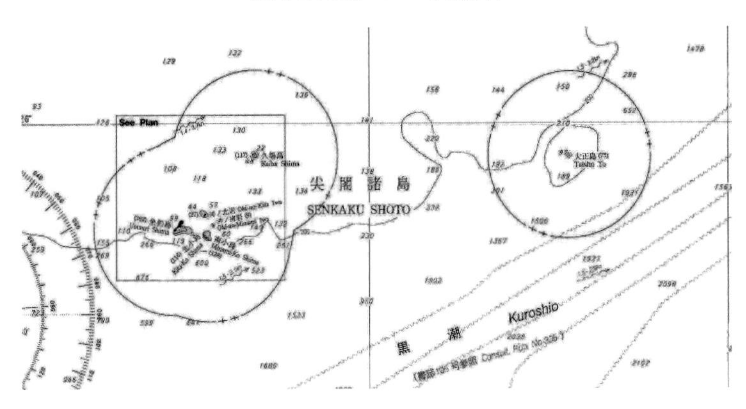

口絵 13　海図 W1203「沖縄島至台湾」

（縮尺 75 万分の1の一部を縮小、尖閣諸島をカバー）

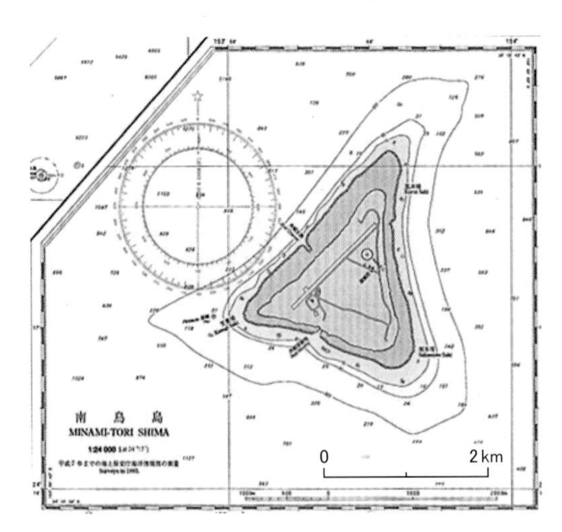

口絵 14　海図 W48「南方諸島」分図「南鳥島」

（縮尺 2 万 4 千分の 1 の一部を縮小）

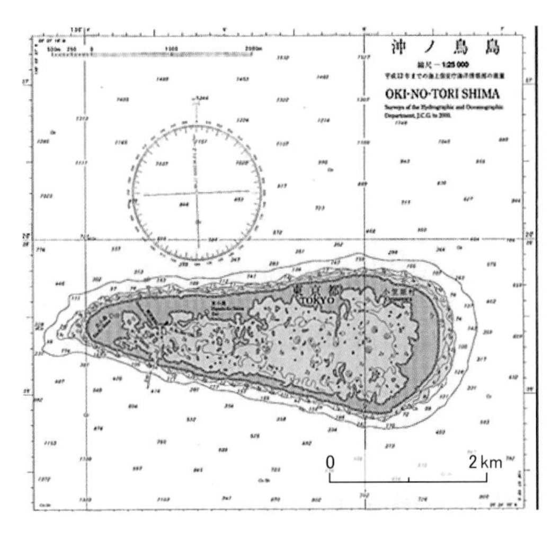

口絵 15　海図 W49「小笠原諸島諸分図第 1」「沖ノ鳥島」

（縮尺 2 万 5 千分の 1 の一部を縮小）

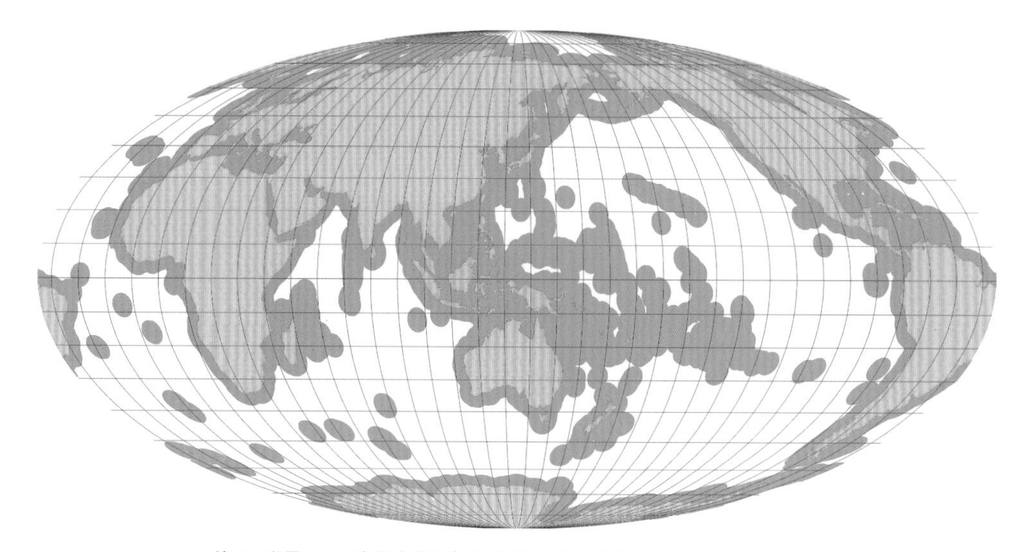

口絵 16 世界の 200 海里水域分布図（フランダース海洋研究所データを基に作成）

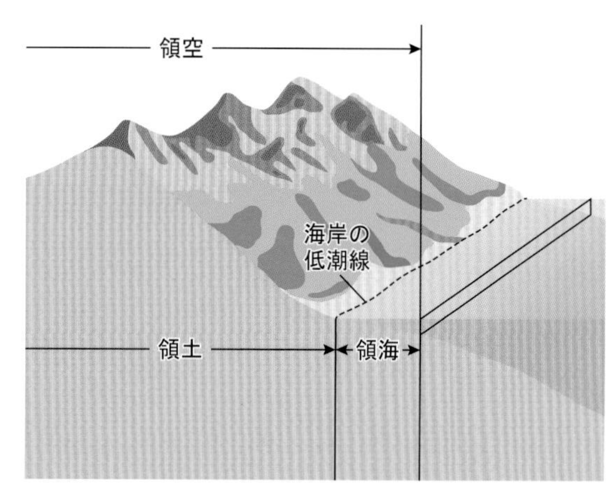

口絵 17 領土・領海・領空の概念図

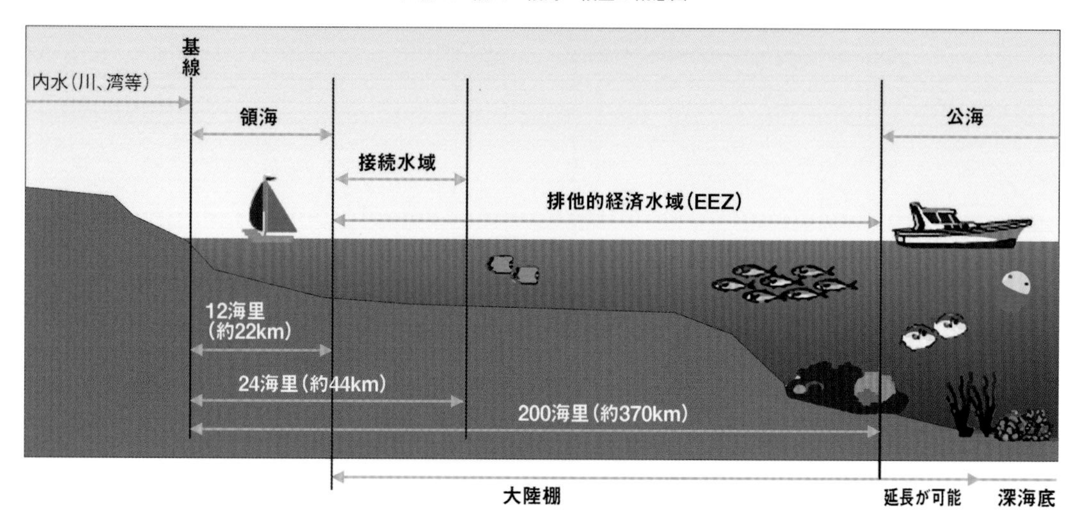

口絵 18 国連海洋法条約に基づく海域区分の概念図（外務省 HP による）

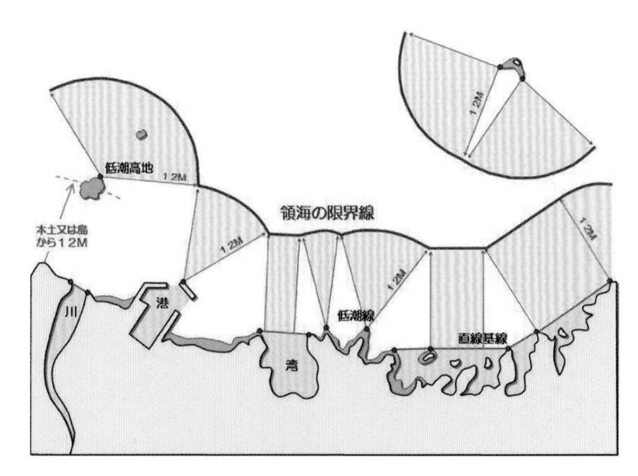

口絵 19　領海の基線と領海の限界線（海上保安庁海洋情報部 HP による）

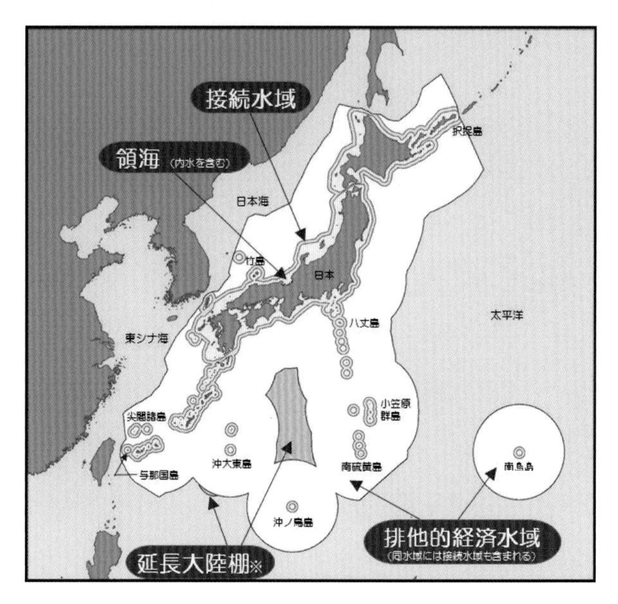

口絵 20　日本の領海、排他的経済水域等の概念図（海上保安庁海洋情報部 HP による）
※延長大陸棚：排他的経済水域及び大陸棚に関する法律第2条第2号が規定する海域。
本概念図は、外国との境界が未画定の海域における地理的中間線を含め便宜上図示したものです。

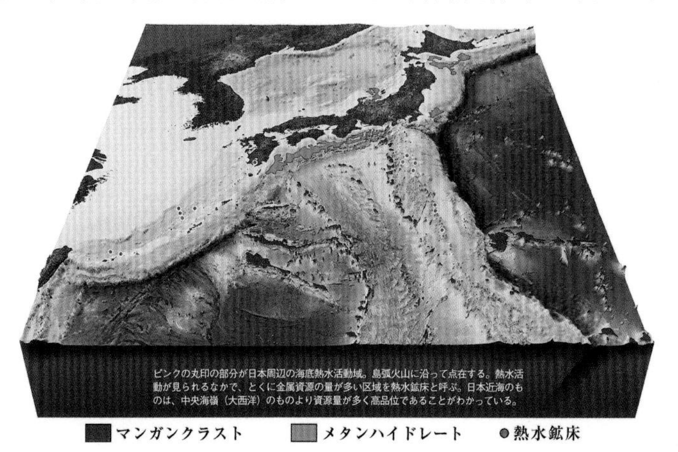

口絵 21　日本近海の海底資源分布（浦辺 2011 による）

海図を読む①　瀬戸内海 離島のインフラ施設（岡山県笠岡市）

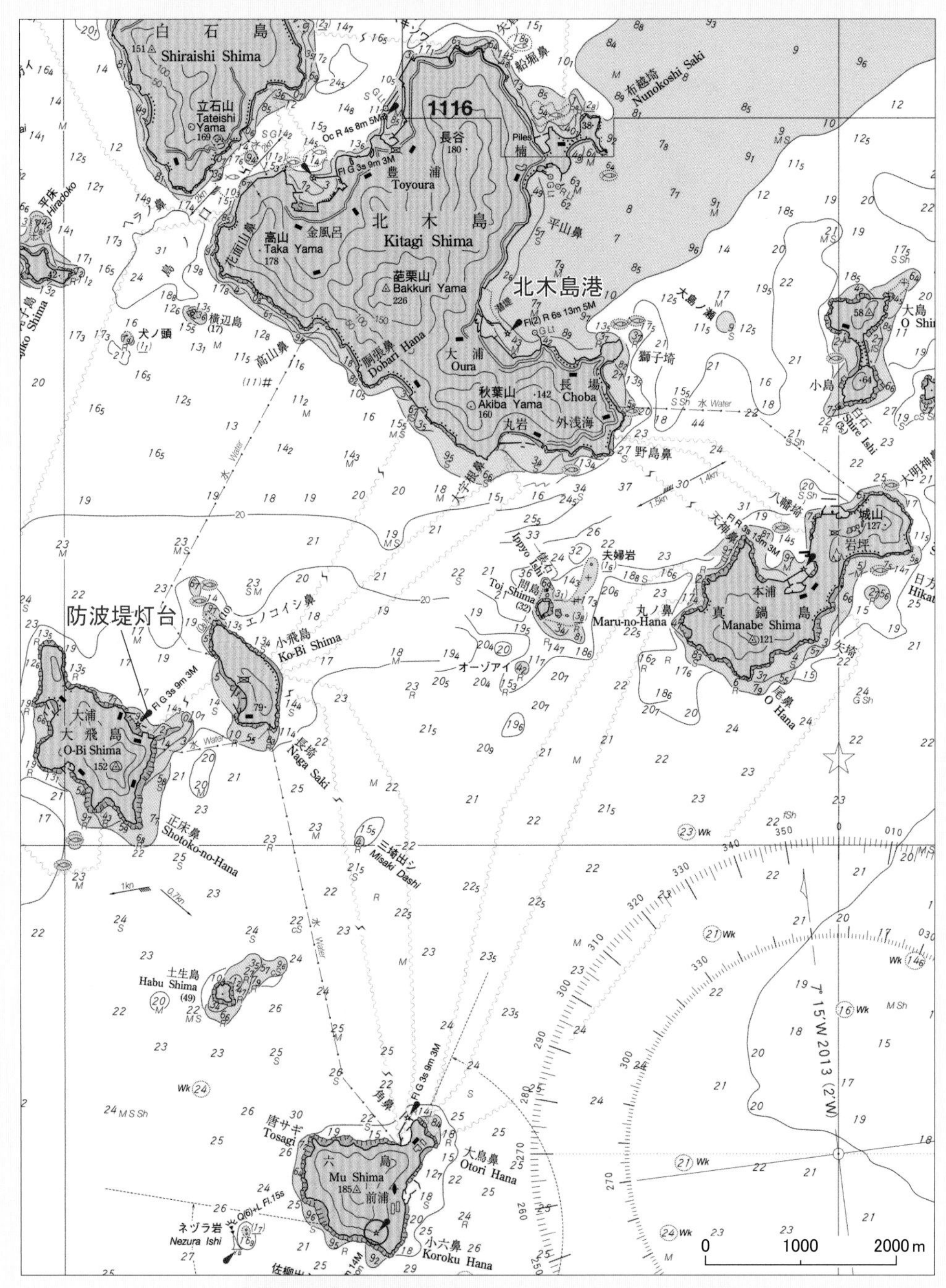

海図 W137^{B} 号「備讃瀬戸西部」縮尺 4.5 万分の 1 の一部を縮小　2015 年海上保安庁刊行

上の海図の島々は瀬戸内海・備讃瀬戸西端に位置する風光明媚な多島海の一部で岡山県笠岡市に所属。市の南部沖合に連なる大小七つの離島は笠岡諸島と呼ばれ、このうちの白石島、北木島、真鍋島、小飛島、大飛島、六島です。

これらの島々の周囲の海底を観察すると、マゼンタ色で描かれた①コイル状のくねくねした細線、②その線の途中に稲妻記号が入った線、③短い線の端に丸粒が付いた線が連続して、途中に水（water）と注記した 3 種類の線記号が島々の間に多数描かれている様子がわかります。

①は離島の情報通信を支える海底電話ケーブルです。通常の電話や電話ケーブルを用いた高速インターネットも利用できます。②は電化製品や照明のために発電所がない離島に本土から電力を送電する海底ケーブルです。③は本土から離島へ上水道を送る海底送水管で生活の命綱です。

離島では住民の移動手段、物資の流通、緊急時の医療、防災対応にとって本土と島々の航路の維持確保は大変重要です。各島にある防波堤や防波堤灯台、桟橋などの港湾施設も海図から読み取ることができます。（今井健三）

海図を読む② 白島国家石油備蓄基地（福岡県北九州市）

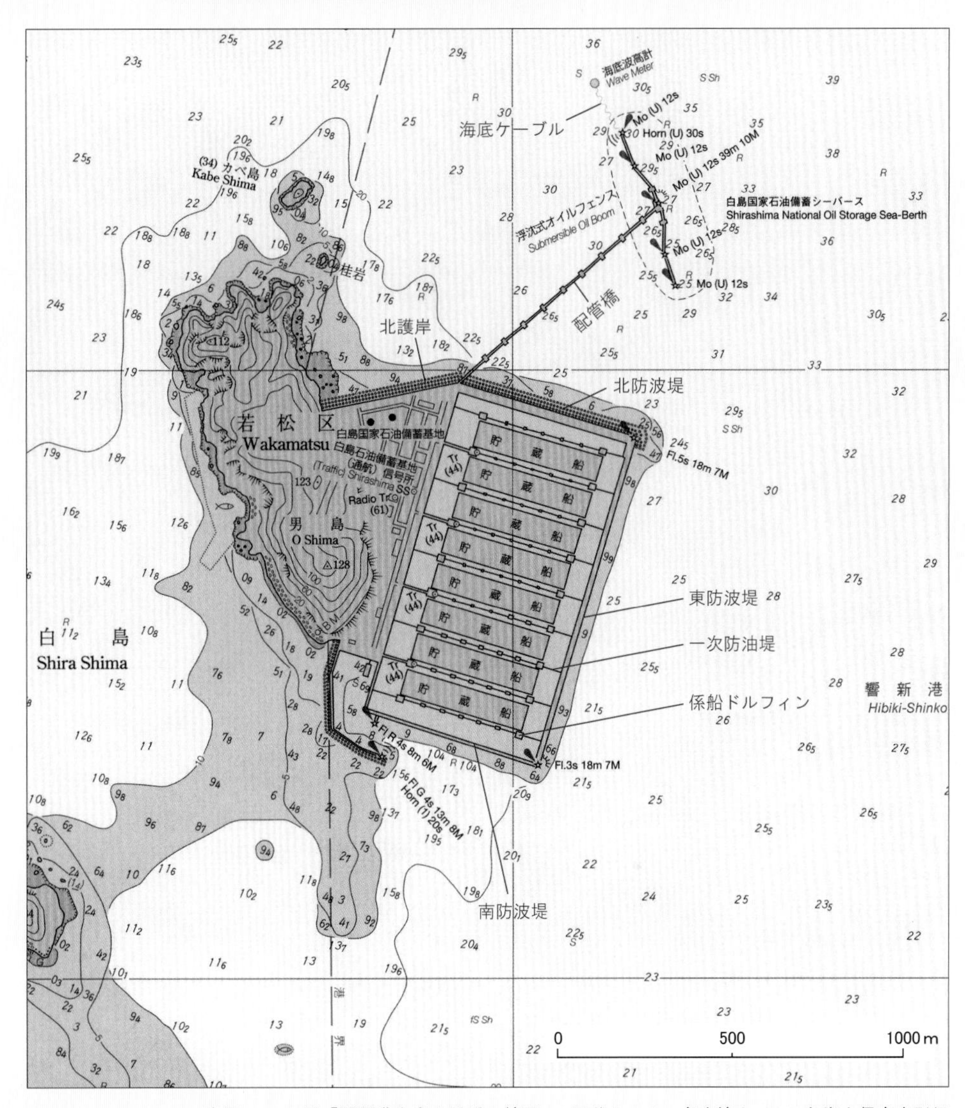

海図 W1266 号「関門港白島及付近」縮尺 1.5 万分の 1 の一部を縮小 2013 年海上保安庁刊行

石油備蓄はわが国のエネルギー資源の安定供給を図るうえから国の重要な施策となっています。上の海図は北九州市の沖合 8 km にある白島(しらしま)の二つの島のうち男島(おしま)の東側海面地先に周囲を堅固な防波堤で外海と遮断して構築された、国内最大級の洋上備蓄基地「白島国家石油備蓄基地」です。上五島（長崎県）に次ぐ国内 2 番目の洋上基地として 1996 年に完成しました。周辺の海は水深約 10 m ～ 30 m と浅く昔から好漁場となっており、男島の西海岸に沿って魚礁記号と区域が描かれています。

基地の各施設を読み解いてみましょう。最初は原油を積んだオイルタンカーが着桟するシーバース（海上桟橋）です。北防波堤の基部から沖合に伸びた配管橋の先端に桟橋があり、VLCC と呼ばれる最大 32 万トンの超大型タンカー（満載喫水 22.6 m）が安全に着桟できます。さらに作業中に万一、海上に原油が漏れ出した場合の拡散を防ぐために、桟橋の周囲を取り囲むように海底設置式の浮沈式オイルフェンスが破線で描かれています。

桟橋の少し北の海底には海底波高計が設置されています。これは桟橋が響灘に面していて直に強烈な波浪の影響を受けるため、つねに波高を計測して基準以上の値が観測された場合は着桟を避けるためのものです。

次に原油の貯蔵船を浮かべたポンド（池）について読図します。ポンドは東西 570 m ×南北 1,050 m の堅固な防波堤と何列ものテトラポッド（小さな黒丸で表現）で外海から守られ、さらに一次防油堤という仕切りで区切られた中に 8 隻の貯蔵船が 18 本のドルフィン（基部が海中に固定された杭）に繋留されています。貯蔵船は長さ 400 m、幅 82 m、深さ 25.4 m の洋上タンクで、各船の原油貯蔵量は 70 万 kl。原油は配管橋に設置された輸送管を経由して各貯蔵船に送油されます。 **（今井健三）**

海図を読む③　東日本大震災（岩手県釜石市）

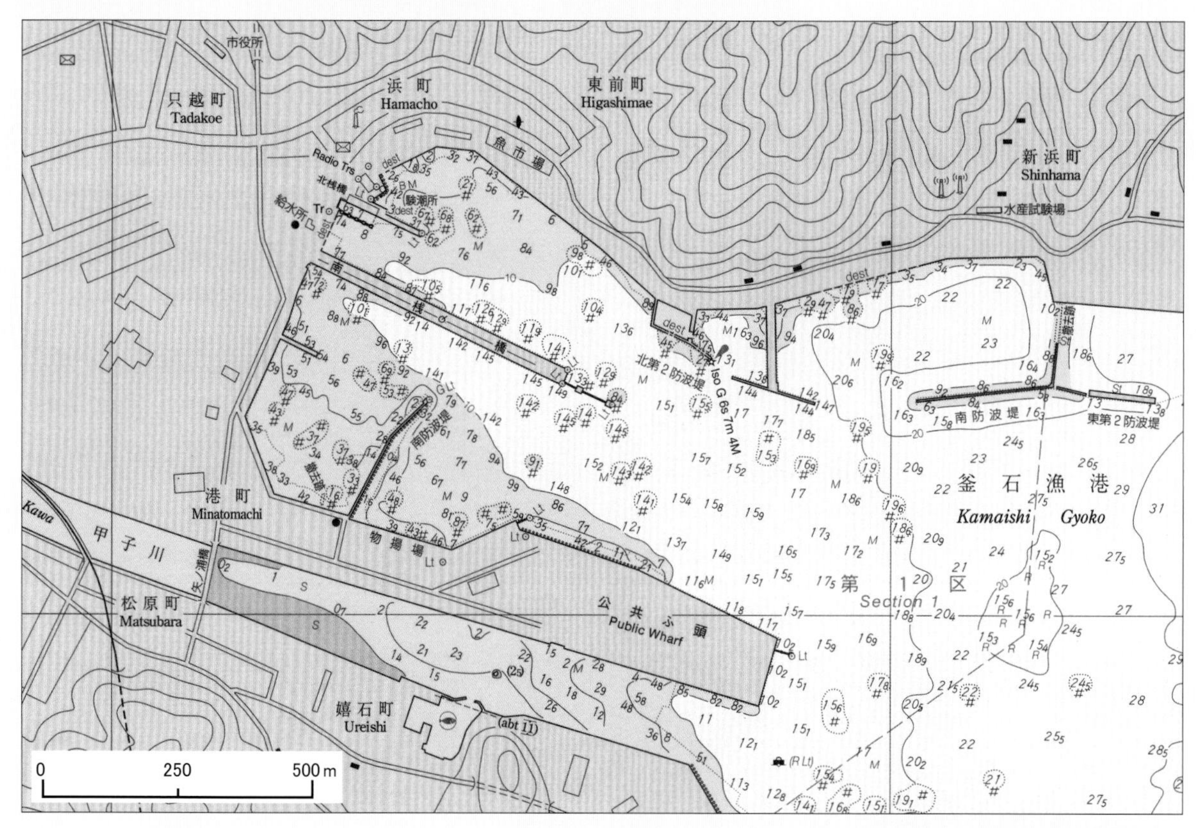

海図 W1091「釜石港」縮尺 1 万分の 1　2011 年 10 月刊行　平成 25 年水路通報 143 項

海図を作製している海上保安庁では、東日本大震災（以下、大震災と表記）が発生した 2011（平成 23）年 3 月 11 日の発災直後からいち早く測量船を被災地に向け出航させました。また、海上自衛隊の艦船や救援物資を輸送する船舶が被災した港湾に安全に着岸出来るように、湾口から使用可能な岸壁までの主要な航路と岸壁付近水域等の緊急水深測量などを実施しました。その結果は、被災した港湾等の海図補正のため、逐次海図の一部補正や改版作業に反映されました。

海図は刊行年から次の改版までの間、小改正などの補正を行い情報の最新維持をします。その補正が「水路通報」の情報として記載されています。刊行年月日が同じでも、訂正された「水路通報」の発行年と項数が異なると、海図の中のどこかに補正が加えられているのです。

海図の陸域については国土地理院の資料などをもとに航海に関係する施設や船舶から目立つ物標、等高線などが表現されていますが、陸図と比較して簡素な印象を受けるでしょう。

大震災後の陸域表現の変化は、被災施設などの記号が削除されているほか、海岸に面した護岸や防潮堤などの破損個所については、「dest」や「Foul」などの略語を用いて表現しています。海域表現では、水没した被災物の存在、防波堤の破損など、大震災前の海図にはあまり見られなかった記号や略語が多く表現されています。

大震災の影響を表現していると思われる記号・略語を『海図図式 平成 25 年 2 月』（海上保安庁刊行版）から抜き書きしてみました。

＃：険悪地。航海上危険ではないが、投錨やトロール網を引くことはできない。たとえば沈船、開発台の残骸。

Foul または fb：険悪地（foul ground または foul bottom）

dest：護岸・防潮堤などが破損（destroyed）、倒壊

⊙Bn(dest)：航路標識の一つである立標が破損

撤去跡：上部構造が撤去され使用していない開発台

海図は実用図です。船舶が安全・経済的に港から港へ航行するために作製されています。その海図の表現をじっくり眺めることによって陸上生活者の私たちにも見えてくる海の姿があると思います。

海図を通して大震災を考えてみるのもその一つだと思います。そこには被災による記号・略語が多く表現され、いかに大震災の影響が大きかったかが理解できます。

被災地に対して私たちは何が出来るでしょうか。現地へ行くだけでも良いのではないでしょうか。私たちが、大震災を、被災者を忘れてはいないことを知らせるためにも。

（伊藤　等）

海図を読む④　イギリスの洋上風力発電（ロンドン・アレイ発電所）

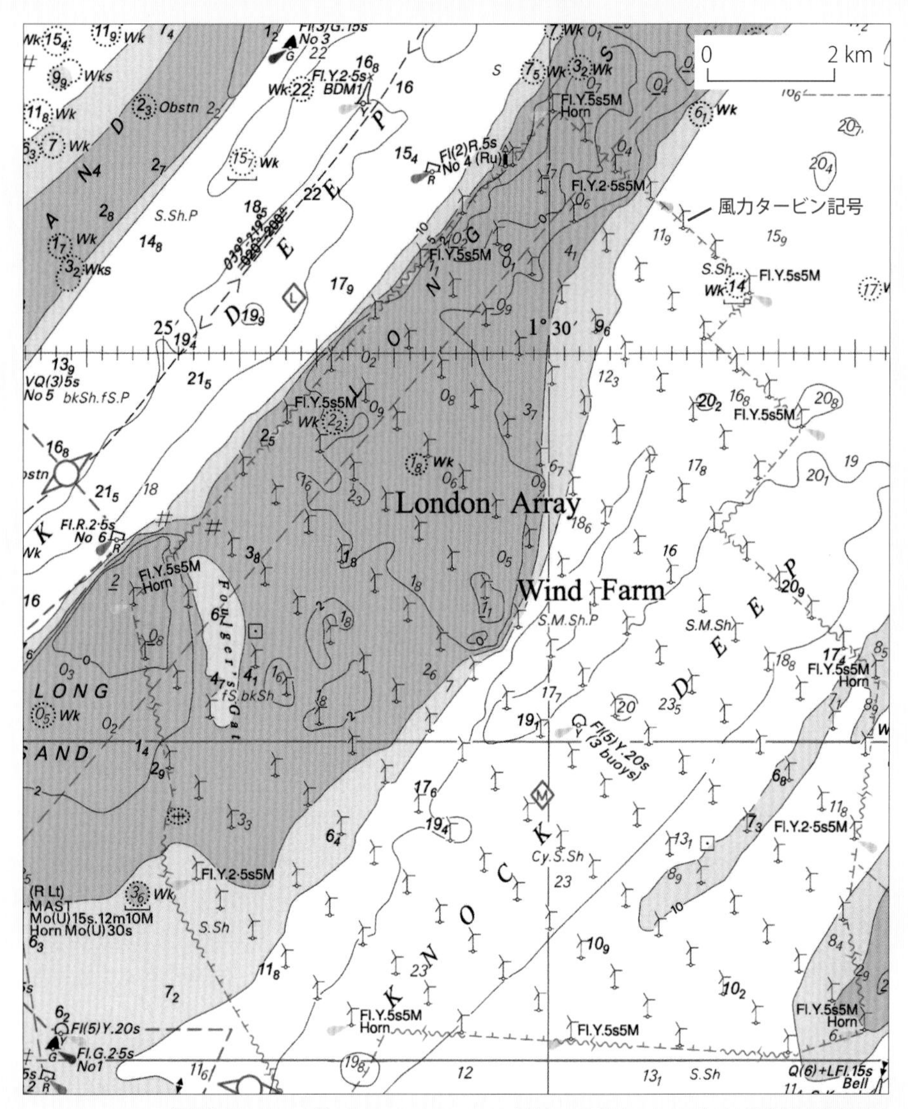

英国海図 N0.1183 号「THMES ESTUARY」縮尺 10 万分の 1　2013 年 11 月英国水路部刊行

近年、洋上風力発電は自然再生エネルギーの切り札と言われ、大規模なプロジェクトが北欧諸国を中心に急速に進められています。なかでもイギリスは 2020 年までに発電量の合計が 40 ギガワットとイギリス全体のエネルギーの約 30％を洋上風力発電でまかなう壮大な計画が進行中です。

上の海図は、2013 年にプロジェクトが完成し、当時世界最大の洋上風力発電所といわれたロンドン・アレイ風力発電所です。この発電所はイングランドの東岸洋上、テムズ川河口部から北東約 25 km 沖合にあり、面積は 100 km^2。テムズ川河口部から比較的浅い海底に伸びる細長い砂州列とその間を深く削られたトラフの両方にまたがる複雑な地形の上に建設されています。

海図を見ると、風力タービンの記号が格子状（長辺約 1,060 m ×短辺約 700 m）の交点に整然と並んでおり、その数は 175 基と壮観です。タービン 1 基の発電容量は 3.6 メガワット、全体では 630 メガワットと、約 50 万人の英国家庭が使用する 1 年間の電力を供給できます。風車の羽根の直径は 120 m、海面上の塔の高さは 87 m と巨大です。

作られた電力は、⊡で示された洋上の 2 カ所の変電所（開発台）を経由して、海底に敷設された電力線から陸上の変電所に送電されています。これらの海底電力ケーブルの敷設距離は 450 kmに達するそうです。

発電所の範囲は航行船舶に対する制限区域の記号で示され、外郭の風車には、航行安全用の標識灯（黄色が 5 秒ごとに一閃）と吹鳴する霧笛が付設されています。

日本でもこのところようやく洋上風力発電の実用化に向けたプロジェクトが各海域で進行中です。この動きが加速され、商業ベースに乗った洋上風力発電所が数多く稼働することを期待してやみません。　**（今井健三）**

海図を読む⑤　定置網・養殖漁具等の定置箇所（宮城県三陸海岸）

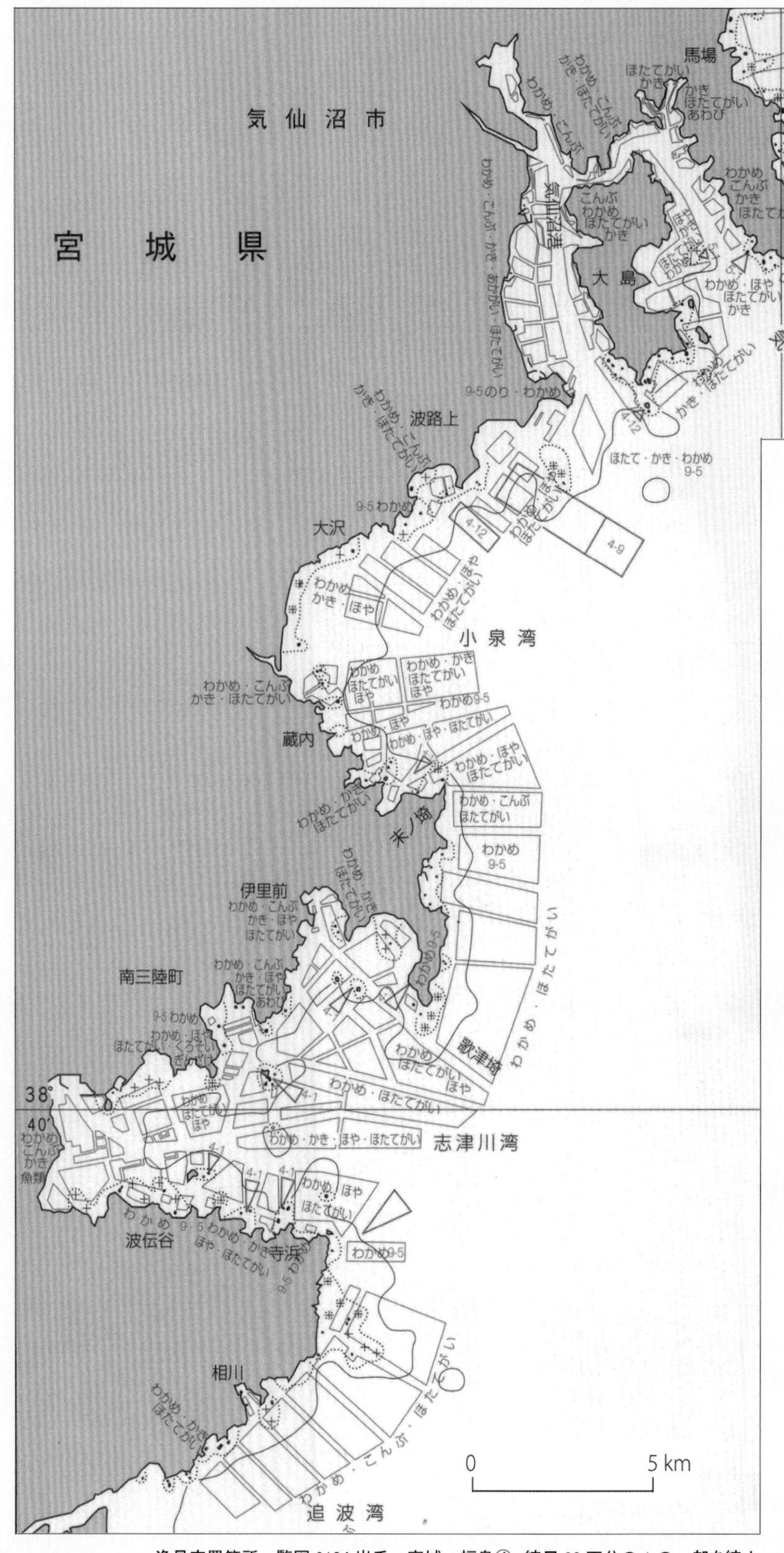

漁具定置箇所一覧図 6104 岩手・宮城・福島④　縮尺 20 万分の 1 の一部を縮小

海図の仲間はバラエティに富んでいます。「漁具定置箇所一覧図」は海上保安庁が刊行する特殊図の一つで、図番号 6101 〜 6117 までの 17 枚があり、航海用海図の補助として、沿岸に設置されている定置網・養殖漁具などの区域を表示しています。

左の図のように臨海部のみが表現され、海域には、赤の枠線と、養殖されている魚介類の名称が記載されています（都道府県知事に 5 年に 1 度申請して許可された海域が表示されますが、実際に定置網などの漁具が設置されているか必ずしも定かではない海域もあるようです）。

一覧図は単に定置網などの漁具が存在していることを知らせるだけではありません。赤枠は都道府県知事に許可を申請する際に提出した漁具の設置海域を表現しており、船舶の航行可能海域（赤枠と赤枠の間）や水路などの位置も教えていることになります。

近年、クロマグロの養殖などが話題となっています。どこの海でどのような魚介類が養殖されているのかを知ることは、日本の水産業、養殖業の現在と未来について知る、話し合うためにとても大切です。一覧図から何が読み取れるか、じっくり眺めてみてください。　（伊藤　等）

海図を読む⑥　沿岸の海の基本図（鳴門海峡）

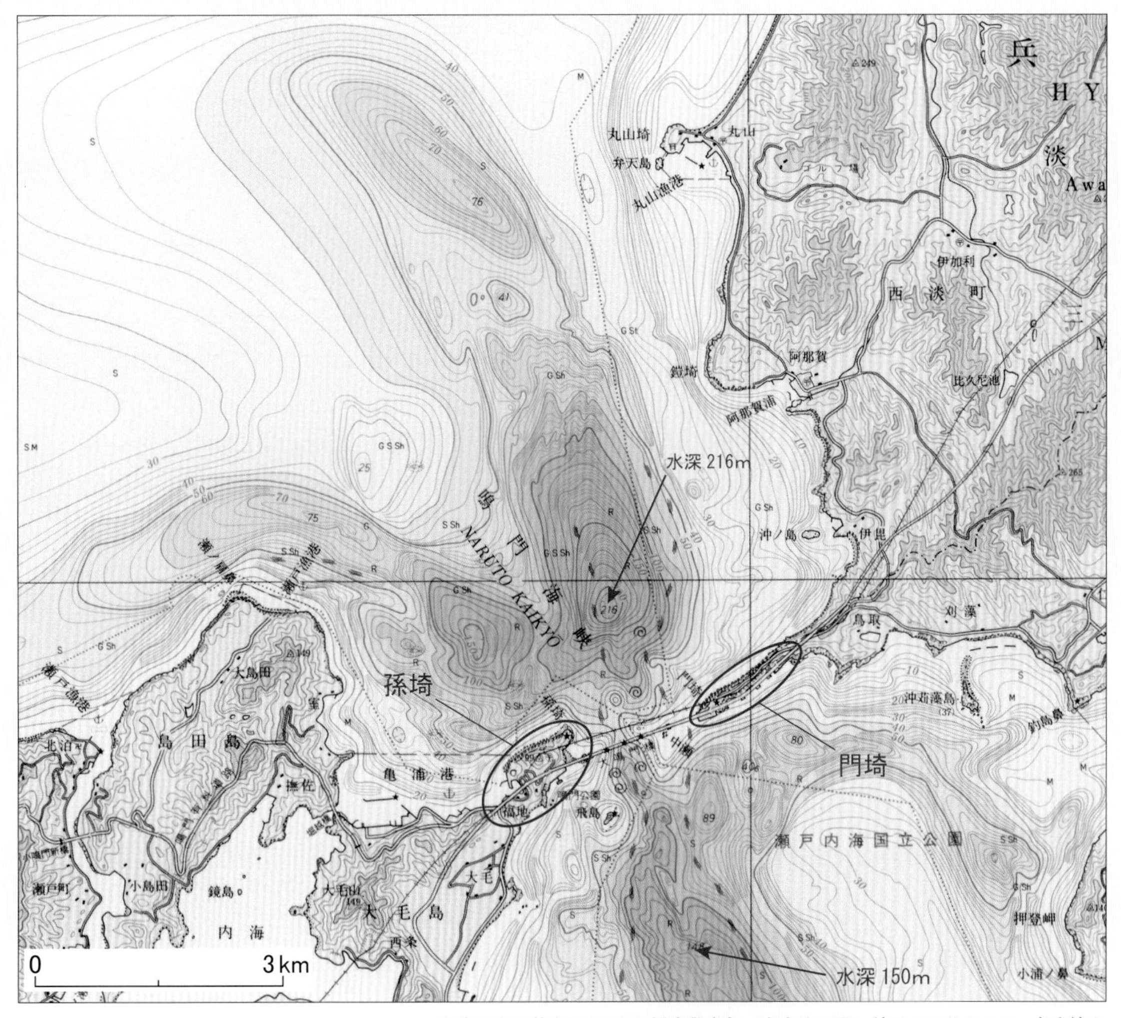

沿岸の海の基本図 6384-2 播磨灘南部（海底地形図）縮尺 5 万分の 1 の一部を縮小

海上保安庁では、海洋開発、環境保全、学術研究など海洋で多目的に使用されることを目的として「海の基本図」を刊行しています。海の基本図には沿岸、大陸棚、その他（大洋の海の基本図ほか）のシリーズがあり、海底地形、海底地質構造などの図から構成されています。

海図と海底地形図を比べてみましょう。海図では、航海者がその場所の水深を瞬時に知ることができるよう、水深を数字で表し、航海に危険な浅所は密に、平坦な海底や深所では粗く表現します。一方、海底地形図では、陸の地形図が高さを等高線で表現するように深さを等深線で表現し、100 m、200 m などの間隔で青色系統の段彩を施し、地形の深浅をわかりやすく表現しています。

海図でも、浅所では補助的に 2 m、5 m、20 m などの等深線を用いますが、等深線は同じ水深を囲むように沖側に描かれます。一方、海底地形図では等深線は同じ水深の上を通るように描かれます。これは、海図は航海の安全を考慮する、海底地形図は海底を正しく表現するとの考えで地図を編集しているからです。

上の図は「沿岸の海の基本図」のうち、淡路島と徳島県鳴門市の間にある鳴門海峡の海底地形図です。瀬戸内海では水深 20 m 以下の海底が全体の半分を占め、大部分は 60 m 以下の浅い海ですが、鳴門海峡や、愛媛県の佐田岬と大分県大分市の間の速吸瀬戸（はやすいせと）のような海峡部では、海釜（かいふ）と呼ばれるすり鉢状の特異な形状をした地形が見られ、局所的に深い海となっています。蔵王山の山頂には“お釜”と呼ばれる火口湖がありますが、海の中にもお釜があるとは面白いですね。

鳴門海峡、速吸瀬戸の海釜には、海峡の最狭部を挟んで二つの深みがあります。鳴門海峡の二つの海釜の水深は図からわかるように 216 m と 150 m、一方の速吸瀬戸の二つの海釜の水深は 460 m と 365 m に達し、世界最大です。海釜の地形は激しい潮流の侵食により形成されますが、岩盤をも深く穿（うが）つその威力はまさに驚きです。

（八島邦夫）

海図を読む⑦　日本近海の海底地形図

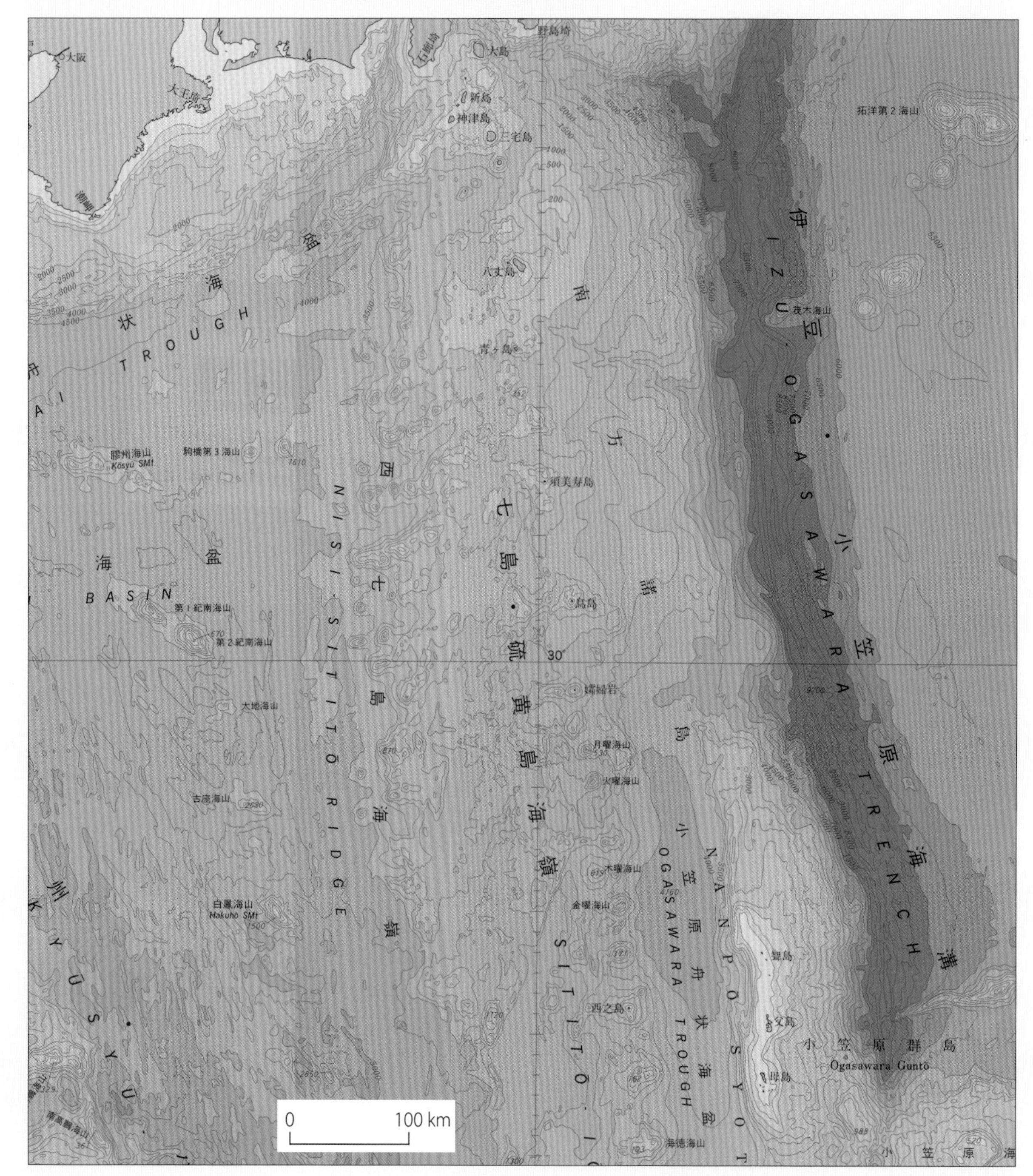

大洋の海の基本図　日本近海海底地形図 第２　縮尺 300 万分の１の一部を縮小

「大洋の海の基本図」の一つである日本近海の海底地形図を見ると、海底の地形に名称が付されていることに気付かれるでしょう。たとえば上の図では、伊豆・小笠原海溝、七島・硫黄島海嶺、月曜海山〜金曜海山、駒橋第３海山〜白鳳海山などです。これらの地名は国際的基準に沿って一定の手続きを経て採択され、地図に載せられたものです。

海底地形への命名は海洋管理などの観点からもきわめて重要です。日本では「海洋基本法」が 2007 年７月 20 日に施行され、領海、排他的経済水域（EEZ）、大陸棚などの海域を管理し、有効に利用・開発していくことが求められています。陸上のようなくわしい地形が不明で所番地システムがない海底においては、特定の地形・場所を指す共通の名称なしに適切な管理は行えません。詳細な海底地形の調査と命名は地味で根気のいる仕事ですが、大変重要な仕事なのです。　（八島邦夫）

八島 邦夫 編著

古今書院

目　次

第2章　海図の地名－海底は地球最後のフロンティア－

第3章　新たな海の秩序と海図の役割

第４章　海図を深く知る

参考　海図などの閲覧・購入方法

あとがき

海図とは何か－海図本の出版によせて

1. 海図を見たことがありますか

「海図なき日本丸の行方」「海図なき航海」などの見出しで、新聞などに海図がしばしば登場します。これは航海にとり海図は必要不可欠な重要指針であることを用いた比喩表現で、実際に船舶には法律により海図の備え付けが義務付けられています。

しかし、多くの人々にとって海図はなじみが薄く、一度も見たことがない人も多いでしょう。以下に海図とは何か、その歴史や役割の変化、海洋国家日本にとり海図はいかに重要かについて説明します。

2. 海図の歴史と役割

海図の起源は定かではありませんが、よく引き合いに出されるものにマーシャル群島のスティックチャートがあります。これは貝がらとヤシの枝で作ったもので、マーシャル群島の住民が19世紀の中頃まで実際に航海に使用していたもので、貝殻は島、長いスティックは島に至る方向などを示しているのではないかと考えられています。

海図の本格的登場は、14世紀頃に航海計器としての羅針盤が考案され、15～16世紀の大航海時代の頃からです。そして現在の地図のように緯線や経線が記入された地図は、メルカトル図法が創案された16世紀半ば以降です。そして船舶が大型化し、水深が記載された近代的な海図の登場は18～19世紀のことであり、我が国では1871（明治4）年に兵部省海軍部内に水路局が創設されてからです。第2次世界大戦の終結により海軍は解体されましたが、海図を作製する水路業務は、海運、海洋の利用・開発に必要であり、運輸省水路部として存続し、1948年の海上保安庁の発足に伴い、海上保安庁の一部局となり、現在に至っています。

地図の分類は視点によりいろいろなされますが、一般図と主題図という分け方があります。一般図は多目的に使用されることを意図して作製される地図で、国土地理院の5万分の1、2万5千分の1地形図が代表例です。主題図はある目的をテーマとして作製される地図で、海図は航海を目的に作成される主題図の代表例です。

つまり､海図は航海のための海の地図であり、航海に必要な水深、航路、灯台や浮標（ブイ）などの航路標識、陸のタワー、山の頂上など航海上の諸目標が描かれています。そして海図には情報の最新維持、国際性、法的性格など陸の地図とは異なるいろいろな特徴があります。

海図は誕生から現在に至るまで、**航海の安全を支える**役割を果たしているのです。

3. 新たな海の秩序の形成と海図の役割

およそ2,000年前の世界は、ローマ帝国の地中海世界が中心で、この頃は海や海岸は万人のもので、特定の個人、団体、国家のものという考え方はなく、中世も基本的に同じでした。15世紀頃に始まる大航海時代になると、ポルトガル、スペインは世界の海を分割支配するようになりました。後発組として登場した英国とオランダは「海洋自由の原則」を掲げて両国と争い、英国がスペインを破って大英帝国として、世界の広い海を支配することになりました。このような状態は第2次世界大戦まで続きます。

つまり、古来、海洋をめぐっては、「海洋の自由」と「海洋の支配」の考えが対立してきましたが、沿岸国に3海里（約5.5 km）の領海を認める一方、その外側の海は自由とする「公海自由の原則」が長い間定着していました。

しかし、第2次世界大戦が終わると、領海を超えての漁業や大陸棚の資源開発の権益確保を主張する動きが出てきました。このような動きに対して、国連は1957年以降、第1次～第3次にわたる国連海洋法会議を開催し、海の諸制度の検討を行ってきました。

1982年には、10年にわたる第3次の国連海洋法会議の審議を経て国連海洋法条約が採択され、その後1984年に発効しました。この条約は、海に関連する事項を初めて網羅的に規定した海の憲法といわれ、海の諸制度は根底から変わり、新しい海の秩序が形成されることになったのです。海の区分は長い間、狭い領海と広い公海の2区分でしたが、陸側から内水、領海、接続水域、排他的経済水域（EEZ）、公海の五つに区分され、海底及び海底下は大陸棚、深海底が新たに定義されました。

そして領海（12海里まで）や排他的経済水域（200海里まで）の幅を測定するための通常の基線は、「沿岸国が公認する大縮尺海図に記載されている海岸の低潮線」と明記され、沿岸国が設定した領海や排他的経済水域、大陸棚などの範囲を海図に記載して公表し、国連事務総長に寄託することが規定されました。つまり、領海などの幅の測定は海図を根拠とし、海図に記載する必要が生じ、海図には**国家主権を支える**という新たな役割が加わることになりました。

国家の主権（自分の意志で国民が領土を統治する権利）が及ぶ範囲を領域といい、領土、領海、領空からなります。我が国は四方を海に囲まれる島国ですが、我が国の国境線は領海の限界線であり、海図に記載されています。

4. 世界の海洋大国「日本」

国連海洋法条約に基づく我が国の領海内と排他的経済水域を含む水域面積は、国土面積の約12倍の約447万km^2となり、日本は世界第6位の海洋大国になりました。この広大な海には、メタンハイドレート、マンガンクラスト、海底熱水鉱床、レアアース泥など多くの資源が眠るといわれ、日本は資源の乏しい島国から資源大国も夢ではなくなったのです。

我が国の海洋権益などへの関心の高まりを背景として政府は、海洋政策の一元的・総合的推進を目的とする「海洋基本法」を制定し、この中では海洋に関する諸施策を総合的かつ計画的に推進するため、内閣に「総合海洋政策本部」を設置すること及び5年ごとに「海洋基本計画」を策定することを明記し、政府が海洋に一元的に取り組む体制などが構築されました。引き続いて「低潮線保全法」が制定されるなど、総合海洋政策本部の総合調整の下、広大な排他的経済水域をもたらす南鳥島、沖ノ鳥島などの国境離島の適切な管理、無人の国境離島への名称付与や地図・海図への記載などの施策が進められています。

5. 海洋国家日本と海図の重要性

日本は海洋国家であり、これまで海から大変恩恵を受け、将来も広大となった「日本の海」を有効活用し、海とともに生きることなしに日本の未来はないといっても過言ではないでしょう。日本の貿易量（重量ベース）の99%は船舶に頼る海運国家であり、航海の安全にとって「海図」は必要不可欠で、航海の安全から日本の経済を支えています。

また、海図には領海基線（海岸の低潮線）や領海の限界線（日本の国境線）の表示によって国家主権を支えており、海図は二つの役割により、海洋国家日本の礎となる大変重要な海の地図です。

以上のように重要な役割を果たす海図ですが、現在の学校教育では「海図」はほとんど取り上げられておらず、また、多くの国民にとりなじみの薄いものとなっています。

我が国は海洋国家ですが、多くの国民にとって海や海図に直接係る機会は少なく、また陸で外国と接する国のように国境や領域などを意識することが少ないせいかもしれません。

新学習指導要領においては領土・領海教育の

強化と海洋教育の充実が盛り込まれており、学校教育の場においても海図の果たす役割に触れる必要あると考えています。

本書は、第1章では海図としての特徴的な性質、第2章では海底に広がりを見せる海図の地名の特色、第3章では海図の国家主権を支える役割などについて述べ、第4章では海図をさらに深く掘り下げて解説します。

本書をきっかけとして海図に触れ、日本の領域や日本の海の可能性を理解し、関心を深めて頂ければ望外の喜びです。なお、本書で述べる見解は私見であり、政府の見解を示すものではないことを断っておきます。

第1章　海図は生きている

1. 海図は航海の道しるべ

「海図なき航海」などの見出しで新聞などに海図がしばしば登場します（写真 1-1）。これは航海にとり海図は必要不可欠な重要指針であることを用いた比喩表現です。

しかし、多くの人々にとって海図はなじみが薄く、一度も見たことがない人も多いでしょう。海の地図は航海用の地図として誕生、発展してきました。海の利用が多様化するにつれ、現在では、いろいろな海の地図が作製されていますが、海図が代表的な海の地図であることに変わりありません。

ひとくちに海図といっても、**航海用海図**そのものを指す場合と、航海用海図に加え、海の基本図、海底地形図、潮流図や海流図など広く海の地図を指す場合があります。ここでは前者の意味で用います。この場合、海図は、航海の道しるべとなる海のロードマップであり、航海に必要な水深、底質（ていしつ）、灯台や浮標（ブイ）などの航路標識、陸上のタワー、山の頂上など航海上の諸目標が描かれています。なお、底質とは海底の地質または堆積物など海底を構成する物質で、具体的には泥、砂、礫（れき）、岩などがあり、とくに錨（いかり）を降ろす際に必要な情報となります。

写真 1-1　海図に関する新聞などの比喩表現

このような海図は、航海を目的とするオーダーメードの地図であり、投影法、包含区域、縮尺、図式など陸の地図とは異なるいろいろな特徴があり、特徴的な点については、本章及び第 2 章で、基礎的事項や関連事項は第 4 章で説明します。

2. 海図の法的性格（船への備え付け義務）

陸上の車の運転では、地図がなくても道路や建物を目で確かめながら、また人に聞きながら目的地に行くことができます。一方、直接目で確かめることができない海では、船は海図がなければ海面下の深さはどの位か？　暗礁など危険な物はないのか？　などが分かりません。

このように航海に海図は必要不可欠で、限られた海域のみを航行する小型の船などを除いて、法律により船には**海図の備え付け義務**が課されています。

国際的にはタイタニック号の海難事故を契機にして、海上の生命と安全を守ることを目的とする「**国際海上人命安全条約（SOLAS 条約）**[1)]」が制定されました。この中で海図は「海上の航海を目的として特別に作製される地図またはその基となるデータベースで、水路部など政府機関の関与により公式に刊行されたもの」と定義し、船への備え付けを義務付けています。日本では船舶安全法の**船舶設備規程**に定められています。

さらにこの条約などに基づき、外国船が他国に寄港した場合、沿岸国はその船が船舶の備え付け基準を満たしているか確認するため、立入り検査ができる仕組みがあり、**ポート・ステート・コントロール（PSC）**と呼ばれます。この検査の中に、海図の備え付けのチェックが含まれ、不備がある場合は、出航停止などの処分を下すことができるようになっています。

これとは別に日本には**海難審判法**という法律があり、その第3条では海難の審判において、海難の原因が海図などの水路図誌に関わる事由により発生したものであるかどうか探求されなければならないと規定されています。つまり、船舶の浅瀬への座礁事故などの際、海図記載の水深は適切であったかなどが吟味されます。海図未記載浅所への座礁などの場合、海図作製機関の責任が問われることもあり、岩場の浅海の測量や海図編集はとくに神経を使います。

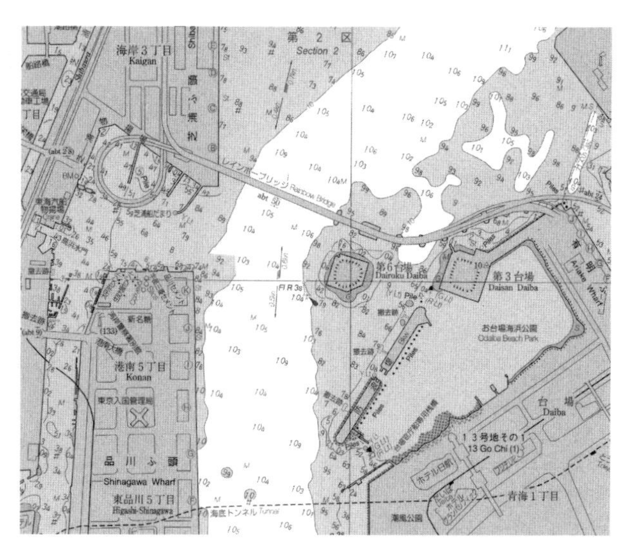

図 1-1 海図 W1065「京浜港東京」
（縮尺1万5千分の1の一部を縮小、口絵3参照）

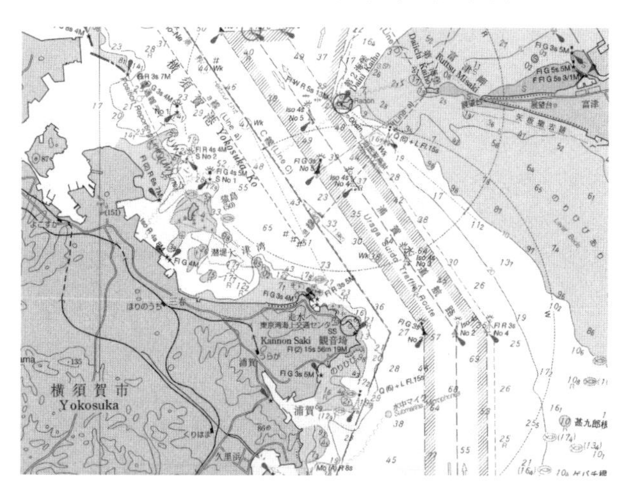

図 1-2 海図 W90「東京湾」
（縮尺10万分の1の一部を縮小、口絵4参照）

3. 水深は海図のいのち

海図を広げてまず目につくのは、海面いっぱいに描いてある小さな数字でしょう。図 1-1、1-2 は京浜港東京のレインボーブリッジ付近と浦賀水道航路付近の海図の一部を示しましたが、海部に多くの数字が記載されています。これは、その地点における海の深さを示したもので、レインボーブリッジ付近の水深は 10 m 台、浦賀水道航路付近の水深は 20 ～ 30 m 台であることを示しています。海図には航海に必要ないろいろな情報が描かれていますが、最も重要な情報は水深で、海図のいのちともいわれます。

海図の発達過程において、初期の段階において最も重要な情報は、目的地に到達するための方位であり、海図にはコンパス図とともに多数の方位線が記入されていました。その後、動力船が出現し、船の喫水が大きくなると水深が重要な情報となり、海図には多数の水深が記入されるようになったのです。海の深さを表す方法として、陸の等高線とは逆の等深線で表す方法がありますが、海図では容易にその地点の水深を知ることができるよう水深値で海の深さを表示しているのです。

水深はメートル式で表し、0 ～ 20.9 m までは 10 cm 単位、21 ～ 31 m までは 50 cm 単位、31 m より深い水深は 1 m 単位で表します。水深は、後で述べるように地域ごとの最低水面（年間を通じてこれ以上海面が下がらない水面）から海底までの深さで表します。

船の喫水（図 1-3）とは、船の船底（キール）から水面までの深さです。客船、貨物船、タンカーなど同じトン数でも船種によって喫水の深

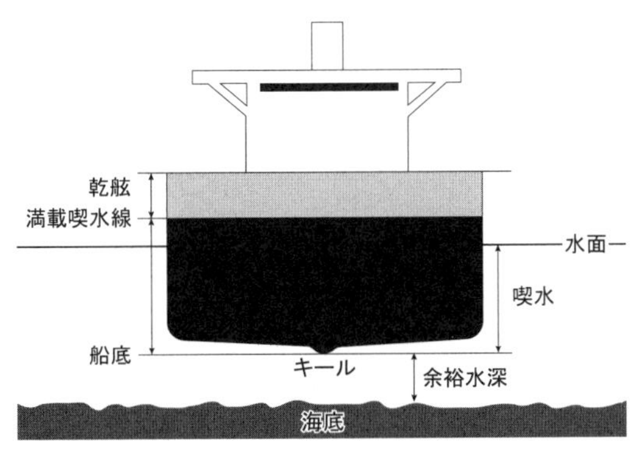

図 1-3　船の喫水

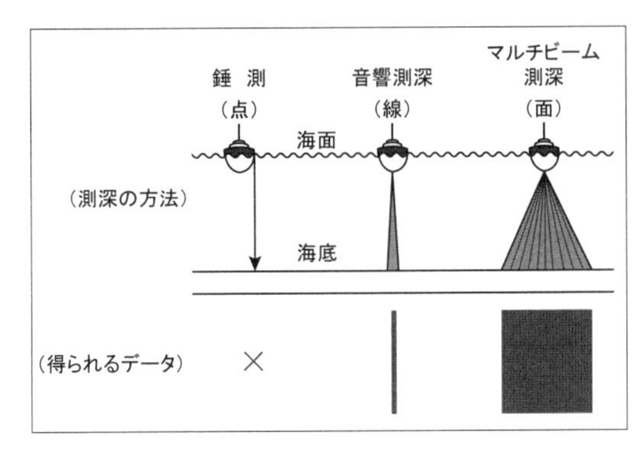

図 1-4　海の深さの測定方法の変遷

さは異なり、船の積み荷の状態でも変化します。船長は常に自船の喫水の状態を把握し、さらに目的地の潮汐を調べて安全かつ効率的な運航を計画します。このため、10 cm 単位で海図に表示される一つ一つの水深値は便利で大変参考になります。喫水より浅い水深のところに船が進むと座礁さらには転覆となり大きな海難事故へ結びつき大変危険です。船を運航する者にとって船を座礁させることは最も不名誉なことであり、船底下に一定値以上の余裕水深を持つことは安全運航の原則です。

ところでこのような水深はどのように測定するのでしょうか？　図 1-4 に海の深さの測定方法の変遷を示しました。昔はロープの先に錘（おもり）を垂らして一点一点深さを測ったため、得られるデータは点でした。その後、音波を用いて深さを測定する音響測深が発達し、この段階では船が走った線に沿う線のデータが得られるようになりました。最近ではさらに音波を扇状に発射

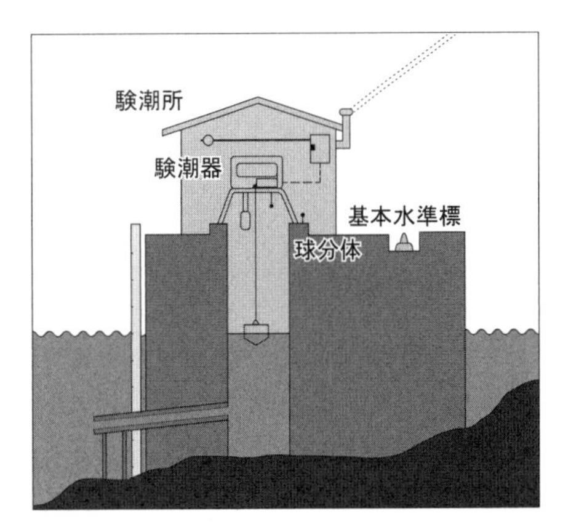

図 1-5　験潮所の仕組み

するマルチビーム測深が発達し、面のデータが精度よく測定できるようになっています。しかし、海図に水深を点で表現する方法は昔も今も変わりません。

4. 海図の水深と潮汐

(1) 海図の水深はどこから測るのか

水深は海面から海底までの長さですが、海面は潮汐などで昇降するので、どこかに時間変化しない基準となる海面を設定しなければなりません。潮汐の観測は験潮所で行い、その仕組みを図 1-5 に示しました。験潮所内は導水管（パイプ）を通じて海水が入り込み、潮の干満は水面に浮かべた浮き（フロート）で観測されます。長期間にわたる観測資料から計算により、平均水面や最高水面、最低水面を求めるのです。

図 1-6 には実際の地形と海図の水深と高さの基準面の関係を示しました。**最低水面**とは、潮汐により海面がそれ以下に低くなることがほとんどない面であり、最低水面と地表面の境界が通常の状態では、その外側が常に海である限界線（低潮線）です。

一方、最高水面とは、潮汐により海面がそれ以上高くなることがほとんどない面であり、最高水面と地表面の境界が通常の状態では、その内側が常に陸地である限界線（海岸線）です。海図の水深は、船にとっては底触しないことが最も重要であることから、最低水面を基準とし

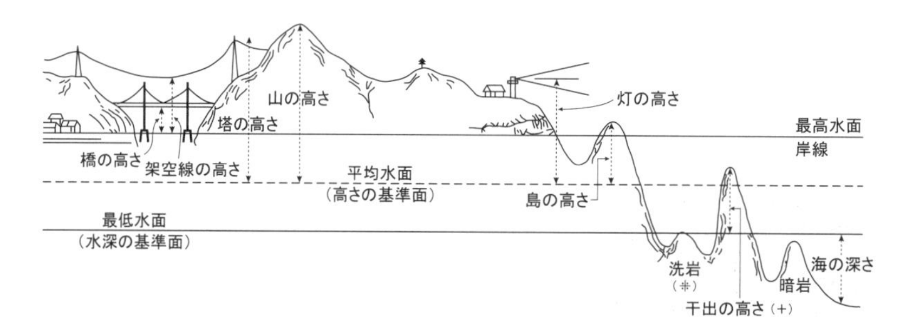

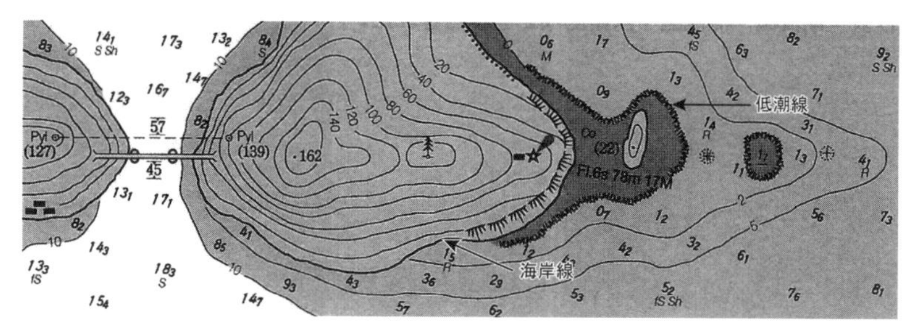

図 1-6　海図の水深・高さの基準面
（一財日本水路協会による、口絵 2 参照）

表 1-1　日本沿岸の干満の差

港名	潮差	港名	潮差
釧路港	1.5 m	高知港	2.0 m
塩釜港	1.7 m	鹿児島港	3.0 m
鹿島港	1.6 m	博多港	2.2 m
横浜港	2.3 m	三池港	5.5 m
名古屋港	2.6 m	住之江港	6.0 m
神戸港	1.7 m	那覇港	2.3 m
水島港	3.6 m	小樽港	0.3 m
広島港	4.0 m	新潟港	0.4 m
呉　港	4.2 m	舞鶴港	0.4 m

て表します。

高潮時には海面下に没し、低潮時には海面上に現れるような区域を、海図では干出と呼びますが、潮間帯や干潟あるいは孤立した浅瀬の場合は、**低潮高地**などと呼ばれることもあり、底棲生物、鳥類など多様な生物の生息や環境保全上きわめて重要な地域となっています。

海図における種々の基準面は、航海上の安全を考えて対象により異なります。橋の高さは最高水面からの高さ、島の高さは平均水面からの高さ、暗岩や干出は最低水面からの高さというように基準が異なるので注意が必要です。

陸の地図では、東京湾の平均水面が日本の標

写真 1-2　満潮時の宮島厳島神社社殿
（第六管区海上保安本部 HP による）

写真 1-3　干潮時の宮島厳島神社社殿
（第六管区海上保安本部 HP による）

高の基準となり全国共通ですが、海図では、水深と高さの基準面が全国一律ではありません。表 1-1 には、日本沿岸の干満の差（高潮面と低潮面の高さの差）を示しました。日本海沿岸のように 20 ～ 40 cm とわずかなところもありますが、広島湾奥部では約 4 m（写真 1-2、1-3）、有明海奥部では約 6 m[2] にも及びます。このように潮汐は地域により異なるため、航海の安全のためには、水深の基準面は各地の潮の干満に合わせる必要があるのです。

以上、海面の昇降である潮汐について述べましたが、この潮汐に伴って生じる海水の水平方向の動きが潮流であり、コラム 1 で説明します。

（2）海と陸の境は？ －海岸線と低潮線－

海と陸の境はどこでしょうか？　この問題は一見簡単そうに見えますが、単純ではありません。前に述べたように海面は潮汐に従って絶え間なく昇降を繰り返し、これにともない海と陸の境も絶えず変化します。

潮汐は、海岸が切り立つ崖のようなところでは、潮汐によって海と陸の境は水平方向にはほとんど変化しませんが、潮汐が大きく、遠浅の海岸などでは、その境が数 km も移動するところもあります（図 1-7）。また海面の高さは地球の歴史からみると、寒冷期である氷期か、氷期と氷期の間の温暖な間氷期など、時代によって変化します。境がはっきりしないのでは、海でのものごとの取り決めなどができませんので、目的に応じて定義付けがなされています。

最低水面が陸地と交わってできる線、すなわち水深 0 m の等深線を低潮線と呼びます。最高水面における海面と陸地の境界線が**海岸線**です。

大縮尺の海図では、海と陸の境を 2 本の線、すなわち海岸線と低潮線により区別して表示し、第 3 章で述べるように海岸の**低潮線**をスタートラインとして領海、排他的経済水域、大陸棚などの幅は測定されます。海では海岸の低潮線はきわめて重要な線なのです。

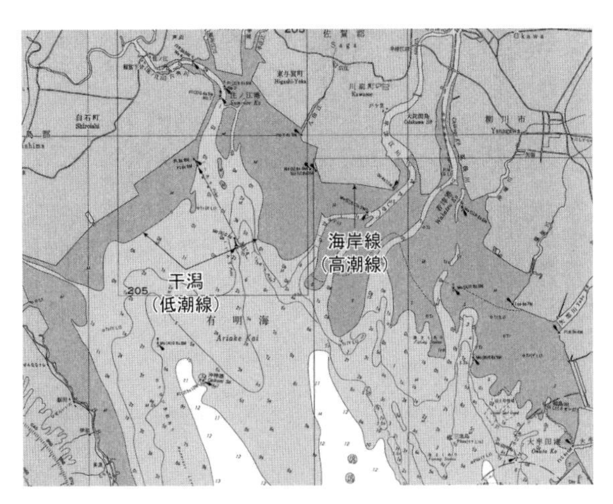

図 1-7　海図 W169「島原湾」
（縮尺 10 万分の 1　の一部を縮小）

5. 隅田の水はテームズに通ず

「隅田の水はテームズに通ず」のとおり、海は世界とつながっており、船は自国の港だけでなく外国の港にも出入りします。このため、各国により海図の作製仕様などが異なっていることは不便であるのみならず、危険でさえある場合もあります。

海図図式とは、広義には海図を作製するために細部にわたって決められたすべての規定を指します。すなわち地図投影、縮尺の基準、水深や地形の基準、記号や略語、文字や数字の字体や色彩などの決まりごとをいいます。一方、狭義には記号や略語を指し、一般的にはこの意味で用いられています。陸の地図では記号や略語は各国独自に決めれば良いのですが、海図の記号や略語は**国際水路機関**（IHO）（第 4 章参照）で決められています。このため、外国の言語が分からなくても共通の記号・略語により海図の内容をおおむね理解できる仕組みとなっています。特殊図 6011「海図図式」には、等深線、水深、底質、干出岩、洗岩、暗岩、浮標、灯浮標、灯台など項目ごとにすべての記号・略語が記載されています。図 1-8 には海図の記号・略語の例を示します。

またここでは珍しい図式の例として、渦潮・激潮（図 1-9-1）、サンドウェーブ（図 1-9-2）、サンゴ礁・マングローブ（図 1-9-3）を示します。

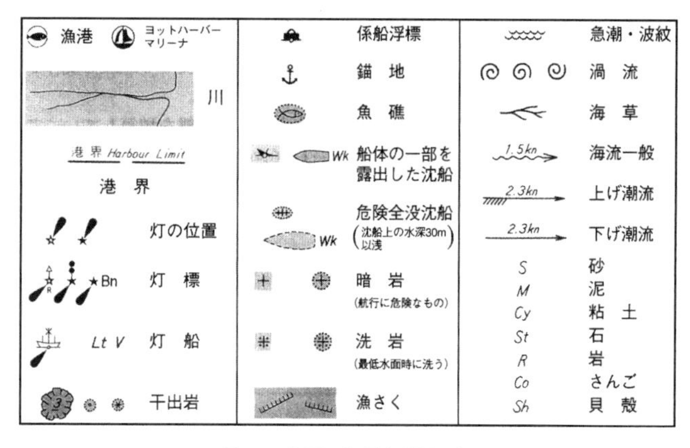

図 1-8 海図の記号と略語の例

6. 海図は生きている

海では航路の掘り下げ、浅瀬や水中障害物の発見、魚礁の設置、航路標識の変更など港湾の施設や海底の水深や状況は絶えず変化しています。陸の地形図など一般の地図では、発行から次の発行までの間、記載している情報の訂正は行われませんが、海図では情報に変更が生じた場合、海上保安庁から週一回発行される**水路通報**という冊子およびインターネット情報により訂正内容が周知されます。航海者は手作業で変更箇所を訂正したり、訂正箇所を補正図（図 1-10）というおよそハガキ大の地図小片を海図に貼り付けて訂正するのです。これを**海図の最新維持**（アップツーデート）といい、海図は生きているといわれるゆえんです。第2節では、ポート・ステート・コントロールについて説明しましたが、海図の検査では、海図の有無のみならず最新維持が適切に行われているかどうかも厳しくチェックされるのです。

なお、変更箇所が非常に大きく水路通報や補

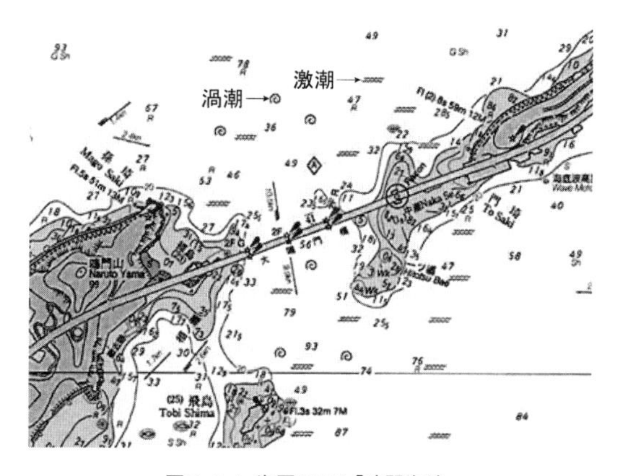

図 1-9-1 海図 W112「鳴門海峡」
（縮尺 1 万 8 千分の 1 の一部を縮小、渦潮、激潮の記号が記載）

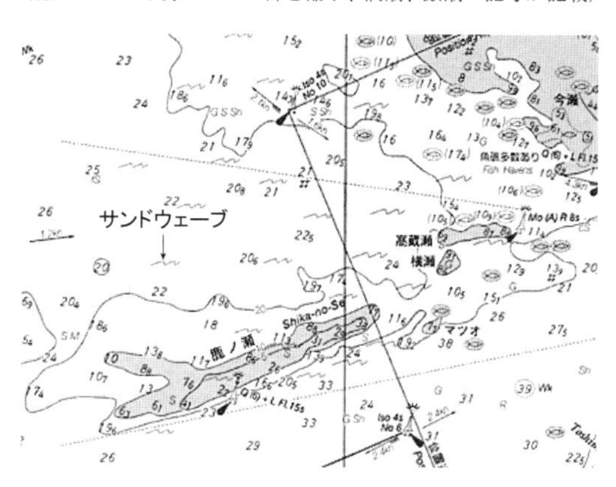

図 1-9-2 海図 W106「大阪湾及播磨灘」
（縮尺12万5千分の1の一部を縮小、サンドウェーブの記号が記載）

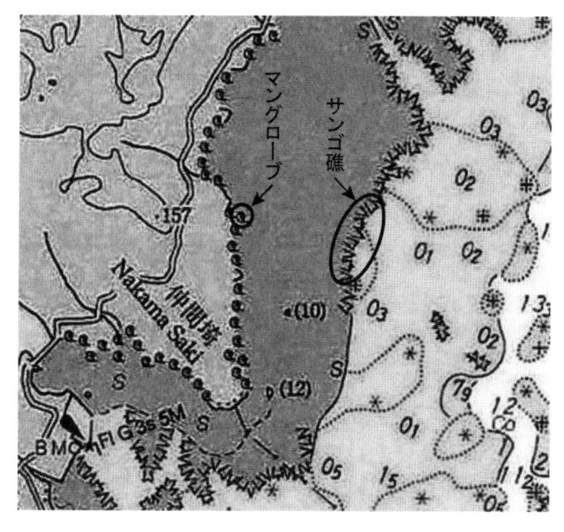

図 1-9-3 海図 W1206「八重山諸島」
（縮尺 10 万分の 1 の一部を縮小、サンゴ礁とマングローブの記号が記載）

正図で対応できない場合は、海図の改版により最新維持が行われます。

さて、2011年に発生した東日本大震災時では、地震に伴う地殻変動により、東北地方の相馬～宮古間の陸上の地盤が20 cm～1.2 m沈降しましたが、地震後はゆったりとした地盤の上昇が続いています。これによって水深が減少している可能性があります。

海上保安庁は、大震災以降、潮汐観測を行っていますが、仙台塩釜港塩釜区では13 cm、仙台区では14 cmの隆起が観測されており、海図の水深にこれらの値を反映させて海図を改版しました（図1-11）。巨大地震に伴う地盤変動は今後も継続する可能性があり、海図を最新維持させる作業は目を離せません。

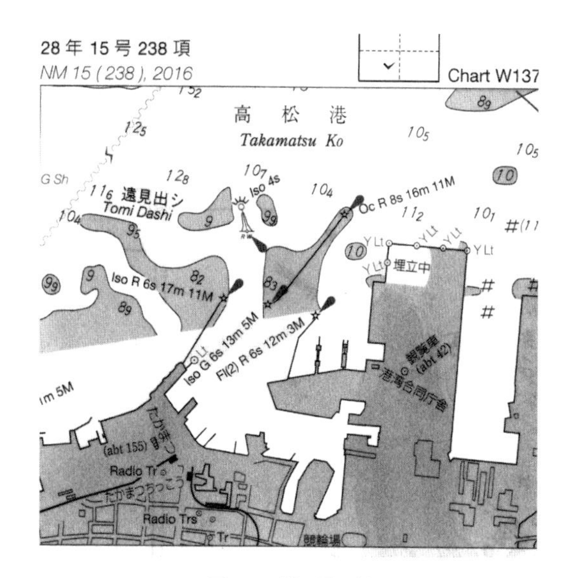

図1-10　補正図の例

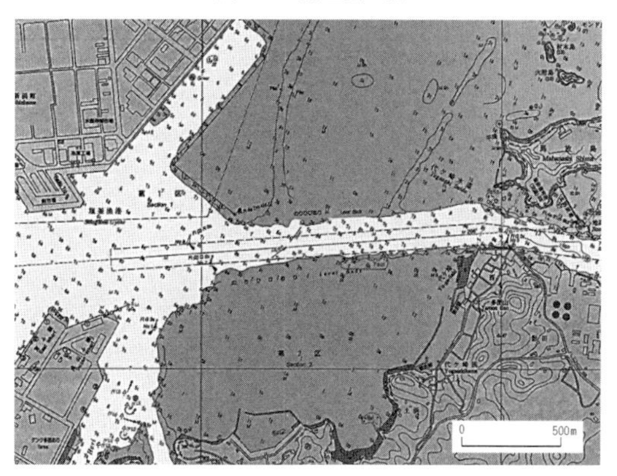

図1-11　海図W64A「塩釜仙台港」
（縮尺1万分の1の一部を縮小）

7. 海図の地名－海底は地球最後のフロンティアー

地名は地図を構成する重要な要素の一つで、海図ならではのいくつかの特徴があります。近年、海底調査の進展に伴い海底地形の名称付与の必要性が高まっており、これらを含め第2章で詳しく述べます。

【注】

1）International Convention for the Safety of the life at Seaの略称。

2）世界最大のカナダ東海岸ファンディ湾では、約15 mにまで達します。

【参考文献】

・八島邦夫（2008）「海の地図と地名」道田豊・小田巻実・八島邦夫・加藤茂共著、講談社ブルーバックス『海のなんでも小事典』。

・八島邦夫（2013）「航海の安全と国家主権を支える海の地図」月刊地理58-8、古今書院。

・川上喜代四（1971）『海の海図と海底地形』古今書院。

・沓名景義・坂戸直輝著（1994）『海図の知識』成山堂書店。

コラム1：潮汐と潮流－岩をも穿(うが)つ瀬戸の潮流－

1. 潮汐とは

潮汐は、時々刻々と変化する地球と月と太陽の位置関係によって、万有引力の影響を受けて海面が昇降する現象です。通常は1日に2回、満潮と干潮を繰り返しますが、満潮・干潮の時刻は場所によって異なるため、海面が高い場所から低い場所に向かって潮流が生じます。

潮汐は、月の満ち欠けによって大きい時期（大潮）と小さい時期（小潮）があり、また、東京湾のような大きな湾や瀬戸内海のような浅い海では潮汐が大きくなります。日本海ではその広さに対して、周りの海との海水の交換が少ないので潮汐は小さいのです（第1章表1-1）。

2. 潮流とは

コラム図1-1には瀬戸内海の潮流の最強流速、コラム表1-1には日本沿岸の主な海域の潮流の最強流速を示しました。これらの図表から、潮汐が大きい瀬戸内海の海峡、水道、瀬戸では潮汐に伴って強い潮流が発生していることが分かるでしょう。日本沿岸でのベスト3は鳴門海峡（10.6ノット）、来島海峡（9.7ノット）、関門海峡（8.5ノット）で、鳴門海峡の10.6ノットは、時速ではおよそ20 kmですから、まるで川の流れのようです。いずれの海峡も航海上の難所となっており、馬力の弱い船は潮流に逆らっては航行できず、またこれらの海域はふくそう海域でもあるため、船長は通峡に大変神経を使います。

3. 岩をも穿つ瀬戸の潮流

さて、このような速い潮流が流れる海の底はどうなっているのでしょうか？　潮流流速が速い海峡部では潮流は岩盤からなる海底をも穿って海釜(かいふ)と呼ばれるすり鉢状の凹地を形成します。

一方、海峡最狭部から離れて流速が減速する海峡周辺部には、侵食・運搬してきた細かい礫や砂を堆積させ砂碓（海底砂州）といわれる砂の山を作ります。

瀬戸内海の海釜は規模（速吸瀬戸の海釜は世界最深の水深460 m）や多様性に富み、世界でもまれな存在です。コラム図1-2には渦潮で知られる鳴門海峡の海底地形図を、コラム図1-3には双子型海釜の形成モデルを示しました。速い潮流は、海峡を挟む紀伊水道と播磨灘の二つ

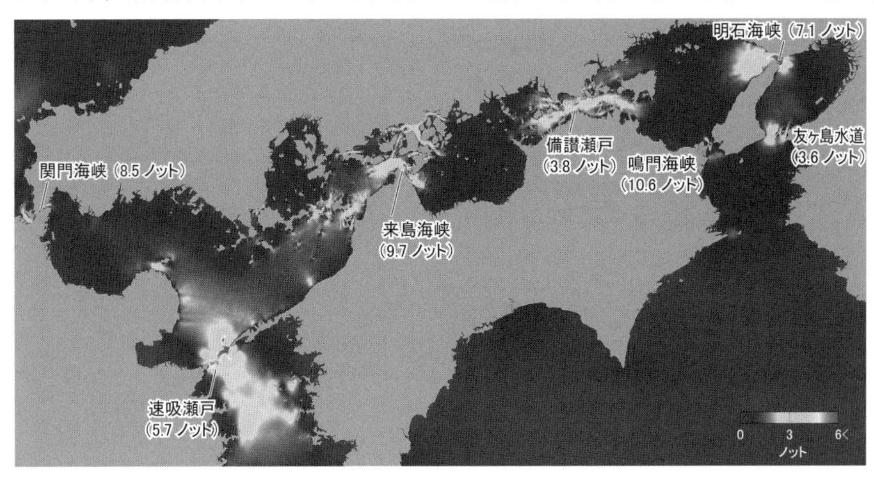

コラム図1-1　瀬戸内海の潮流の最強流速
（海のアトラスによる）

表 1-1　日本沿岸の主な海域の潮流の最強流速

海域名	流速（ノット）	海域名	流速（ノット）
東京湾口	1.9	来島海峡	9.7
伊良湖水道	1.7	関門海峡	8.5
友ヶ島水道	3.6	速吸瀬戸	5.7
鳴門海峡	10.6	早崎瀬戸	6.7
明石海峡	7.1	鹿児島湾口	0.9

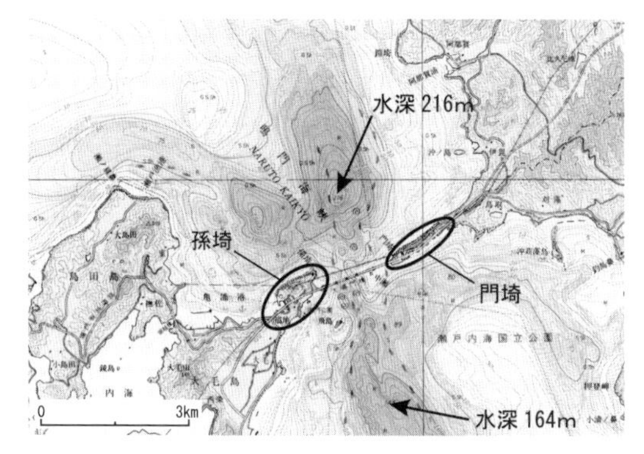

コラム図 1-2　鳴門海峡の海底地形図　沿岸の海の基本図
（No.6384-2「播磨灘南部」の一部を縮小）

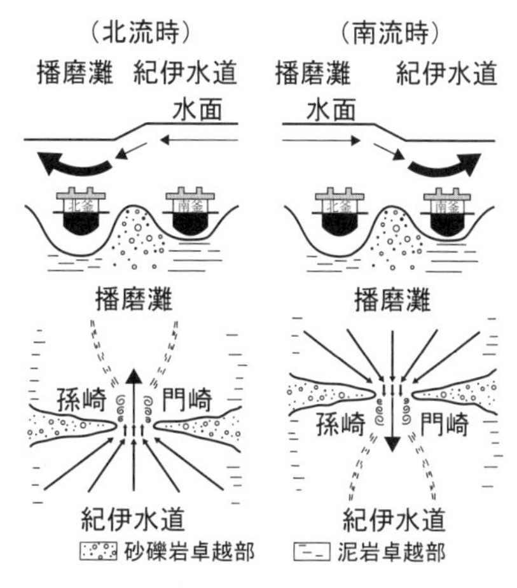

コラム図 1-3　鳴門海峡の海釜の形成モデル

の海域での最大 1.3 m に達する大きな水位差から生み出され、実際に海面の段差を見ることができます。そして細長く突出した岬の形状と海峡周辺の地質が相まって二つの大きなお釜（水深 164 m と 216 m）を作り出しているのです。

4. 魚の宝庫、鹿ノ瀬は砂の山

以上のように潮流により海峡（瀬戸）では、海底が深くえぐられて海釜が形成される一方、海峡を離れたところや島の陰には侵食された砂が堆積します。明石海峡東口の沖ノ瀬、西口の鹿ノ瀬などがその例です。鹿ノ瀬は、最浅水深 2.2 m の砂の山から成る浅瀬で、神戸・明石地方で春を告げるくぎ煮の材料となるイカナゴの稚魚などが生息する瀬戸内海屈指の好漁場をなしています。

【参考文献】
・海のアトラス編集委員会（2011）『海のアトラス』（財）日本水路協会。
・八島邦夫（1994）「瀬戸内海の海釜地形に関する研究」水路部研究報告 30。
・八島邦夫（2004）「瀬戸内海の島および灘と瀬戸の海底地形」『日本の地形』近畿・中国・四国、東京大学出版会。
・八島邦夫（2013）「瀬戸内海の地誌」『瀬戸内海の気象と海象』海洋気象協会。

第2章　海図の地名－海底は地球最後のフロンティア－

1. はじめに

地名は、土地、地域などに付与された名称で、陸の地図であれ、海の地図であれ、地図を構成する重要な要素の一つで、海図には海図ならではの特徴があります。海図は航海を目的とする地図であり、縮尺や航海上の重要性などに応じ、海域は詳細に、陸域は海から見て目標となる顕著な山やタワーなど沿岸部を中心に記載されていますが、地名も同じで航海に必要なものを中心に、沿岸部や海域を中心に記載されます。

ところで、海底の地形については、しばしば「地球の海底の地形は、火星の表面地形より知られていない」といわれることがあります。海底調査は近年著しく進み、海底の地形は明らかになりつつありますが、全地球的には南太平洋やインド洋などまだまだ不明の海域も多く、海底は地球最後のフロンティアです。このため、海底地形への名称付与はまだまだこれからの分野なのです。

ここでは、海図の地名の表記法や陸の地図と異なる特徴、国内外の大洋や海の名称、必要性が増大する海底地形の命名法などについて説明します。

2. 海図の地名

(1) 海図の地名表記

海図に記載される地名にはいろいろな種類がありますが、主な地名は大別して、行政地名（行政上の名称）、自然地名（地理的名称）、港名に分類されます。

行政地名は国名、地方名（本州など）、都道府県名、市区町村名、字名などです。自然地名は、海洋、湾、海峡、浅瀬、半島、島、山岳、河川、湖沼などの名称です。港名には、港湾と漁港があり、港則法、港湾法、漁港法による名称が用いられます。

海図の地名は、**国際水路機関**（IHO）により、自国の最も権威ある機関によって決められた名称を記載し、外国により他国の海図が編集、作製される場合も、主権国の海図で使用されている名称をそのまま採用すべきことが規定されています。つまり主権国で使用されている呼び方を記載することが原則です。

我が国では、陸の地形図については国土地理院が、海図については海上保安庁が責任を持ち、地名を縮尺やその図の目的に合わせて取捨選択し、それぞれの地図に記載します。しかし、海上保安庁が独自に地名を定めて海図に表示するのではありません。

海図の地名は、その地域で現在実際に用いられている**（現地現用）呼称**を尊重し、採用することが原則です。このため、それぞれが該当する自治体（市町村）に「地名確認調査表」などを用いて、関係の地名の読み方と書き方を照会して海図に記載します。その読み方は現地音によりますが、地方なまりの場合は、標準の読み方に改めて表記します。

(2) 地名へのローマ字付記・表記法

地名表記における陸の地図と比べて一番の大きな違いは、第1章で述べたように海図の国際性です。日本人のみならず、外国人にも利用されるため、航海上重要な地名や説明にはローマ字や英語が付記されることです。

自然地名は、固有名詞部分と普通名詞部分から成りますが、普通名詞部分は英語などに翻訳することなしに日本語をローマ字で表わします。つまり、東京湾、浦賀水道の海図での表記は、それぞれTokyo Wan、Uraga Suidoとされ、Tokyo Bay、Uraga Channelなどとは表しません(図2-1)。これは諸外国においても同じ約束事が適用されています。

また、普通名詞部分に濁音が含まれる場合は清音に統一して表記されることも特徴の一つです。つまり山の場合は「San」と「Zan」、川は「Kawa」と「Gawa」などの読みが静音の場合と濁音の場合がありますが、ローマ字表記では、すべて清音で表すのです。普賢岳(ふげんだけ)は、Fugen Take、長崎鼻(ながさきばな)はNagasaki Hana、尻屋埼(しりやざき)は、Shiriya Saki、信濃川(しなのがわ)はShinano Kawaといった具合です。

しかし、これらの普通名詞部分は外国人には分かりにくいため、当該海図に対訳表を記載したり、我が国ではさらに海図No.6011「海図図式」に和英の対訳表を記載しています。

そして地名の表記法は、漢字は左読み、横書きを原則とします。止むを得ない場合は、上下、左右から弧を描くように記載しますが、どんな場合も縦書きはしません。これは主な地名にローマ字を付記するためです。

(3) 旧名称・別名称などの表記

地名はいろいろな理由から改訂されることがあります。その場合、航海者の理解の助けとするためにカッコ書きで付記します。旧名称は（　　）書き、別名称・英名称は［　　］書き、説明用は｛　　｝書きで表します。説明用とはその場所を特定するなど分かりやすくするためです。旧名称には、関門海峡（下関海峡）、別名称・英名称には、内浦湾［噴火湾］、厳島［宮島］、南鳥島「Marcus I」、場所の特定など説明用には、二見港｛父島｝、弁天島｛敦賀湾｝などの例があります。

海図の作製仕様や海図の図式はその国際的性格から国際的に決められているほか、日本語版海図においても外国船舶の使用を考慮して海図の表題、主要な地名、諸目標、港湾施設、各種の注意記事には原則としてローマ字または英語を付記して表現されます。

図 2-1　海図の表題　W90「東京湾」

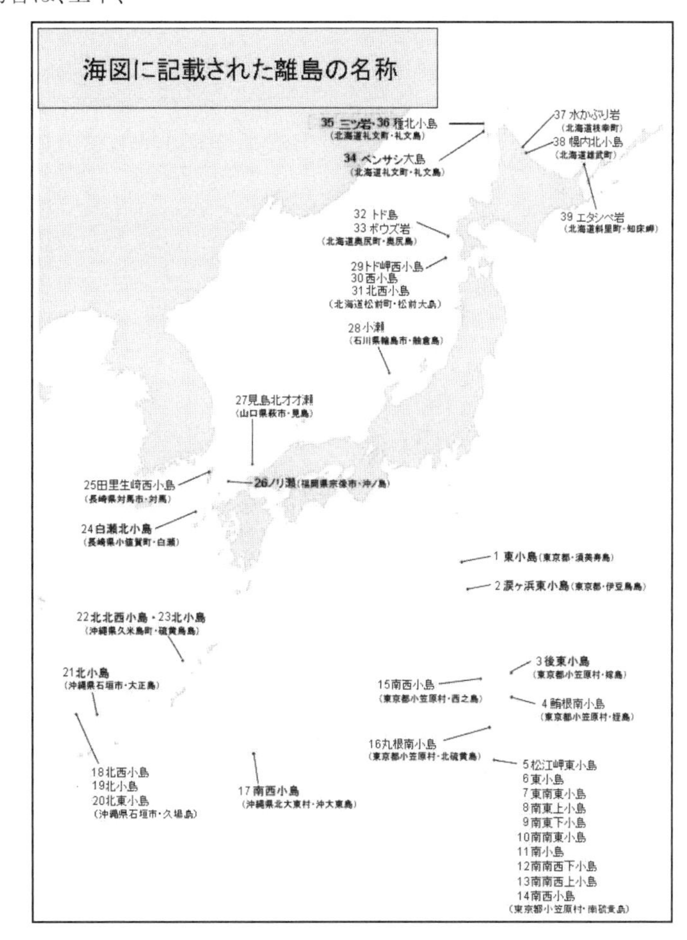

図 2-2　排他的経済水域の外縁を根拠付ける離島
（海上保安庁海洋情報部 HP による）

図 2-3 領海の外縁を根拠付ける離島
（一財地図情報センターによる）

3. 離島名称の地図及び海図への記載

第 3 章において「海洋基本法」、「低潮線保全法」、「海洋管理のための離島の保全の在り方に関する基本方針」について述べます。

内閣の総合海洋政策本部は、この方針に基づき、領海や排他的経済水域の外縁を根拠付ける離島のうち、地図及び海図に名称が記載されていないものについて、自治体などへの調査などを行い、その名称を決定しました。

排他的経済水域、領海の外縁を根拠付ける離島のうち、排他的経済水域については 39 の離島について（図 2-2）、領海については 158 の離島（図 2-3）の名称が決定され、その後、地図及び海図へ記載されました。

4. 大洋や海の名称

(1) 多国間の領域にまたがる広い海の名称

「七つの海に雄飛する」という言葉を耳にしたことがあると思います。「七つの海」とはどこの海を指すのでしょうか？　これは時代や人により異なるようです。中世の帆船時代のアラビア人にはアラビア海、紅海、ペルシャ湾、地中海、ベンガル湾、大西洋、南シナ海を指し、現在は、北太平洋、南太平洋、北大西洋、南大西洋、インド洋、北極海、南極海を指すようです。「七つの海」とは特定の海ではなく世界中の海に大きな志を持ち、船出するということを意味しています。

さて、このような海の名称や範囲は、世界各国の地図を見ると必ずしも同じではありません。たとえば南極を取り巻く海についてみると、南極海、南極洋、南大洋、南氷洋の表現があり、時には太平洋、大西洋、インド洋が直接、南極に接し、特別な名称が付されていないこともあります。このように海の名称や範囲が各国や地図により異なることは何かと不便なことです。

航海に不可欠な海図は各国の国家機関におい

て作製されていますが、各国の水路機関が参加して1919年に開催された第1回国際水路会議では、各国の海図、水路誌に記載される大洋や海洋の名称や範囲が統一されることが望ましい旨の決議を行いました。1921年には各国海図の標準化の促進などを目的の一つとする、国際水路局（IHB）が設立されました。国際水路局は第1回会議の決議に基づき、1928年にガイドラインとしての特殊刊行物SP-23（後にS-23に改称）『大洋と海の境界』を刊行し、世界の海域の境界と名称を記載しました。これが第1版で、この後、1937年に第2版が、1953年に第3版を刊行しました。国際水路機関は刊行する辞典の中で大洋、海はそれぞれOcean、Seaの訳で、Oceanは地球上の広大な海域（太平洋、大西洋など）、SeaはOceanより小さい海域（地中海、カリブ海など）と定義しています。この本の刊行により各国の海図などの大洋や海の名称の統一は一定の進展を見たのです。Oceanには太平洋、大西洋、インド洋、Seaには地中海、日本海、オホーツク海、東シナ海、南シナ海、Straitにはマラッカ海峡、Gulfには、ペルシャ湾などがあります。

言語は英語及びフランス語で表わされており、英語で太平洋はPacific Ocean、東シナ海はEast China Seaと記載されています。

しかし1977年の第11回国際水路会議では、第3版は改訂後20年以上経過し、いくつかの問題があるということで改訂が決議されました。以来第4版刊行のための作業が行われ草案は何回か作成されましたが、出版に関し、メンバー国の賛成が得られていません。このため、現在有効なのは1953年刊行の第3版ということになります。

この本は、各国水路機関の海図作製上の便宜のために作られたもので、いかなる政治的意味もないことが強調されていますが、出版が困難になっている理由は、「日本海」の呼称に関して本来あるべきではない極めて政治的な問題がIHOに持ち込まれているからです（コラム2参照）。

(2) 自国沿岸の小さな海の名称

自国領域内の内海や湾及び沿岸海域などの小さな海の呼びかたは、各国が独自に決めることができます。我が国の場合は､海図に関しては、海上保安庁が責任を持ち、海、湾、灘、海峡、水道、瀬戸（コラム3参照）などの名称を海図に記載しています。

しかし我が国では、法律や機関などにより、異なる名称が付されていることも珍しくありません。図2-4に海図における瀬戸内海の海の名称と範囲を示しました。これに対し、備讃瀬戸の一部を水島灘と呼び、安芸灘の一部は斎（いつき）灘と呼ぶことがあり、海峡についても、友ヶ島水道を紀淡（きたん）海峡、速吸（はやすい）瀬戸は、豊予（ほうよ）海峡と呼ばれることもあります。

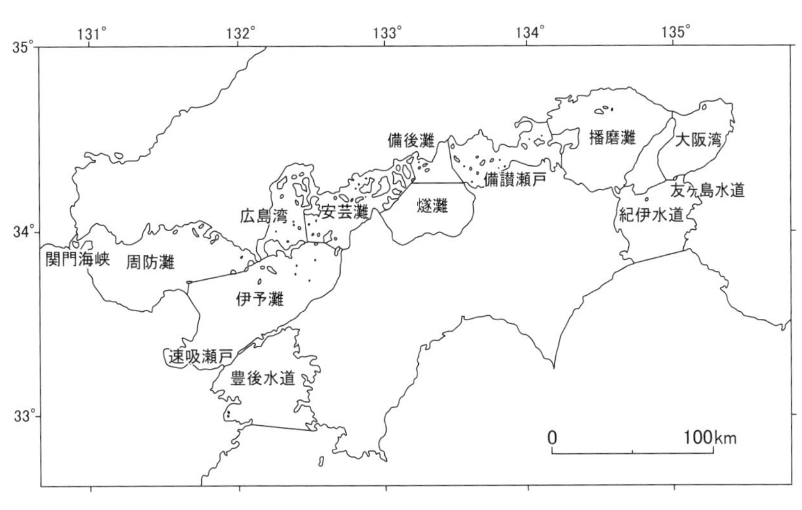

図2-4 海図における瀬戸内海の海域区分と名称

5. 海底に名前をつける

(1) 海底地形の名称

船の航海で陸岸を離れ、広い外洋に出ると何日も青い海ばかりとなることがあります。この青い海の底は一体どうなっているのでしょうか？　厚く海水で覆われた海の底は暗黒の世界で、永久にその全容をわれわれの目の前に現すことはありません。しかし、海底の調査が進むにつれ、海底には山あり、谷ありで変化に富み、その雄大さは陸上を凌ぐものがあることが分かってきました。

さて、これらの海底地形の名称はどのようにして命名されるのでしょうか？　これらの地名は国際的、国内的に一定の手続きを経て命名されており、ここでは国内外における命名法について説明します。

海底の地形への命名は、漁師たちが沿岸近くの好漁場となる礁や堆などに目印として命名し、慣習的に使用したことに始まったと想像されます。科学的に初めて地名を命名したのは1877年に英国の探検家H・ペッターソンが海溝に命名したのが始まりといわれています。時代の進展につれ、海底の探検・調査が本格化してくると、同一の地形にいくつかの名前が命名されたり、命名の原則が不統一であったりして混乱も生じるようになりました。このような状況は、海での諸活動を進めていく上で好ましいことではないことから、国際的にも国内的にも統一のための努力が行われるようになってきました。

(2) 海底地形名命名に向けた国内外の取り組み

国際的に海底地形名称の標準化に取り組んでいるのがGEBCOの「**海底地形名小委員会(SCUFN)**」です。この委員会は、GEBCO（**大洋水深総図**）（コラム4参照）の中の小委員会の一つで、委員は国際水路機関（IHO）、ユネスコ政府間海洋学委員会（IOC）から選出される専門家で構成されます。委員会は、国際的な海底地形名称付与のガイドラインである「**海底地形名標準**」に基づき、沿岸国の領海の外側の海域の海底地形の名称について、審議を行い、基準を満たすものについては承認します。そして承認された地名はオンラインの「**GEBCO 海底地形名集**」に掲載されます（http://www.gebco.net）。

国内では海上保安庁長官が委嘱する有識者からなる「**海底地形の名称に関する検討会**」において、海図などに記載する海底地形名称や我が国としてSCUFNに提案する海底地形名などに関する審議が行われています。委員は国内の海洋調査研究機関（海上保安庁、水産庁、東大大気海洋研究所、海洋研究開発機構、産業総合研究センターなど）の専門家で構成されます。対象海域は内海、内湾、領海、排他的経済水域及び日本が関係する世界の海域です。審議のためのガイドラインとしては、国際基準を準用しますが、我が国の内海・内湾、領海などの沿岸域も対象とするため、海底地形用語（属名）には、海釜（かいふ）や日本固有の浅瀬名称（コラム3参照）も含まれます。なお決定された名称はこれまでに約1,300あり、海洋情報部のホームページ（http://www1.kaiho.mlit.go.jp）で公表されています。

(3) 海底地形の命名法

海底地形名は、固有名と海底地形用語（属名）から構成され、伊豆・小笠原海溝を例にとれば、伊豆・小笠原が固有名で、海溝が海底地形用語です。固有名は、まず短くて単純なものが良く、使いやすく関連の強いものが良いことで、地理的名称（伊豆・小笠原海溝、マリアナ海溝など）が第一優先ですが、その海底地形の発見や確定に関係した船や調査研究機関名（大和堆、拓洋第5海山、スクリップス海山など）、海洋科学に顕著な貢献をした人名（シェパード海山、田山平頂海山など）を用いることができます。さらに陸から離れたところにある場合は、ある一連の類似した地形の集合に対し、星座、魚動物、歴史上の人物やなどの名前を集合的（天皇海山列、音楽家海山群など）に付与することもできます。さらに、記述的・連想的な名称（ホース

表 2-1　主な海底地形用語の定義と例

	海底地形用語	定義	例
高まりの地形	海嶺	長く伸びた高まりの地形で、その複雑さや大きさは様々である	九州・パラオ海嶺
	海膨	通常、周辺海底から緩やかに、かつなだらかに隆起している幅広い高まり	東太平洋海膨
	海山	周辺海底からの比高が 1,000 m 以上の顕著な、通常等方形をなす高まり	拓洋第 5 海山
	海山列（群）	線状または弧状の配列をなして連なる海山列（群）	春の七草海山群
	平頂海山（ギヨー）	比較的滑らかで、平らな頂部を持つ海山	田山平頂海山
	海台	比較的平坦な大きな高まりで、一つないしそれ以上の側面が急傾斜をなす	小笠原海台
	堆	一般的に水深 200 m より浅い海底の高まりで、海上航行に安全な深さを持ち、通常大陸棚または島の近くで見られる	大和堆
	礁	固形物質よりなる水深の浅い高まりで、海上航行の障害になるもの	ルカン礁
	瀬	未固結底質から成る水深の浅い高まりで、海上航行の障害になるもの	鹿ノ瀬
くぼみの地形	海溝	比較的急峻な斜面を有する長く深い非対称斜面を示す凹地で、プレートの沈み込みと関係を有する	日本海溝
	トラフ（舟状海盆）	対称形断面と平行する斜面を持ち、一般的に幅が広く平坦な海底を持つ細長い凹地	南海トラフ
	海盆	平面的には多少とも等方形を示す凹地で、大きさは様々である	日本海盆
	海淵（ディープ）	トラフ、海盆、海溝のような大きな地形内にある局所的に深い箇所	チャレジャーディープ
	海底谷	長く伸びた狭くて急傾斜の凹地で、一般的に下流に向かって深くなる	東京海底谷
	カルデラ	火山噴火中又は噴火後の崩壊、あるいは部分崩壊により形成され、一般的に急傾斜面で特徴付けられる、ほぼ円形の大釜状の凹地	明神礁カルデラ
平坦な地形	陸棚	大陸または島の周囲に隣接する平坦あるいは緩やかに傾斜する地帯で、低潮線から一般的に著しい傾斜の増大が見られる水深 200 m までの区域	
	深海平原	通常 4,000 m 以深の海域に見られる広大かつ平坦あるいは緩やかに傾斜する区域	

シュー（馬蹄）海山、天狗の鼻など）も用いることができます。

用いられる海底地形用語は、表 2-1 に示した用語の中から選択することが原則ですが、長年にわたり使用されてきた名称は、慣習名として使用することができます。

(4) 日本近海の海底地形とその名称

日本ではこれまで述べた国内外の委員会で標準化された名称などを海図、海底地形図に記載しています。国内では約 1,300 の地名及び国際的には日本関連の約 500 に地名が登録されています。口絵 6 には、日本近海の顕著な地形名を示します。その中からいくつかの興味深い地形名をコラム 5 で紹介します。

(5) 海底地形名称を巡る政治的な問題の出現

GEBCO の親機関である国際水路機関（IHO）、**ユネスコ政府間海洋学委員会**（IOC）は、元来、技術的な性格の機関で、政治的な問題には関わらないのが大原則です。SCUFN においてこれは当然かつ暗黙の了解となっていましたが、第 3 章で述べるように 2005 年に日韓間で領有権問題が存在する竹島周辺海域で海底地形名称をめぐって日韓の間で政治的な問題が発生したことを受け、委員会の規則に「政治的に微妙な（sensitive）海底地形名提案は審議しない」ということが明示的に盛り込まれることになりました。

(6) 海底地形名命名の意義

以上のような手順で国内外の海底地形名称は標準化され、海底地形名称に関する無用の混乱は避けることができるようになってきました。

しかし、その意義は、近年これにとどまらず、海洋管理などの観点から非常に高まっていま

表 2-2 世界の主な海溝（理科年表 2020 を編集）

順位	海溝名	最深水深（m）
1	マリアナ海溝	10,920
2	トンガ海溝	10,800
3	フィリピン海溝	10,057
4	ケルマデック海溝	10,047
5	伊豆・小笠原海溝	9,780
6	千島・カムチャツカ海溝	9,550
7	北ニュー・ヘブリデス海溝	9,175
8	ヤップ海溝	8,946
9	ニューブリテン海溝	8,940
10	プエルトリコ海溝	8,605
11	南サンドイッチ海溝	8,325
12	サンクリストバル海溝	8,322
13	ペルー・チリ海溝	8,170
14	パラオ海溝	8,054
15	日本海溝	8,058

す。つまり我が国では、「海洋基本法」により、領海、排他的経済水域、大陸棚などの海域を管理し、また、有効に利用・開発することが求められています。そのためには、まず詳細な調査を行い、特徴的な地形やそこに存在する資源などの基礎的情報を整備すること。その上で海洋の管理・開発を行うこととなるが、特定の地形、場所を指し示す共通の名称がなければ、適切な管理は行えません。名称の付与により、位置を含め開発・管理を行う対象となる地形を一意に指し示すことができるのです。

これまで述べたとおり我が国は、海底地形名称の標準化の取り組みを進めていますが、陸上の地形の名称に比べ、海底の地形名称の命名は未だ大地形に止まり、広大な日本の海にはまだ名称がない地形が少なくありません。海洋国家日本として、管轄海域内の精密データの整備と海洋管理のために海底地形名称の果たす役割は大変重要です。海底調査や命名は地味で大変根気のいる仕事ですが、新しい海底地形を見つけ、名前を考えることは、大変重要な仕事なのです。

6. 国内の地名統一・標準化の必要性

国内外の地名で同じ土地、場所、地域などにいろいろな地名が付されていることはめずらしくありません。しかし、陸の地形図と海図では地図上の名称やその境界は統一されていることが望ましく、国土地理院と海上保安庁は、1960年に「**地名等の統一に関する連絡協議会**」を設立し、それぞれが刊行する地形図、海図に用いられる地名の統一作業を進めています。資料及び調査は、内陸の地名などは国土地理院が、海岸線付近及び海底は海上保安庁が調査を進め、両者の資料が一致したものは、決定地名として採用し、資料が一致しない場合は再審議または保留とします。協議会の開催は約 80 回を重ね、非常に多くの決定地名を見たほか、標準化にも大変貢献してきました。

【参考文献】

・海のアトラス編集委員会（2011）『海のアトラス』（財）日本水路協会。
・地図情報センター（2014）「地図及び海図に記載する名称を決定した領海の外縁を根拠づける 158 の離島」地図情報 131。
・国立天文台編（2019）『理科年表 2020』丸善出版。
・八島邦夫（2013）「海底地形名の命名・統一に関する国内外の取り組みとその意義」地図 51-4。

コラム２：日本海の呼称について

1. 日本海の呼称

日本海という呼称は、歴史的にも国際的にも確立された唯一の呼称です。日本が鎖国状態にあった19世紀前半からすでに国際的に認知され、定着して諸外国も海図を作製する際には日本海の呼称を用いています。

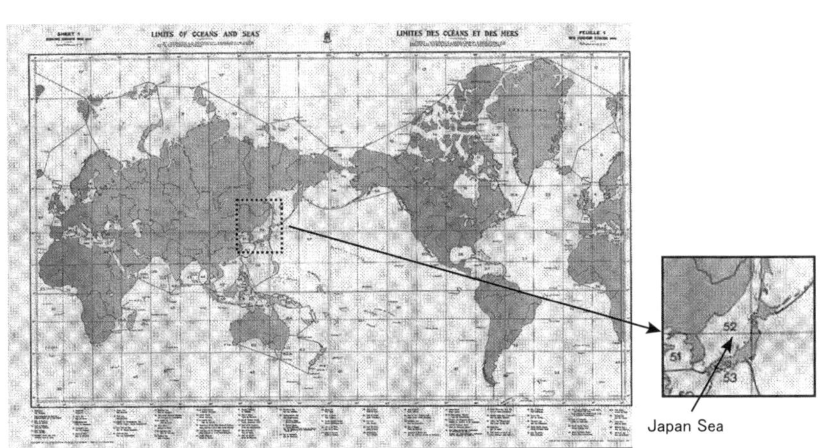

コラム図 2-1 IHO S-23 第 3 版による日本海（Japan Sea）の掲載

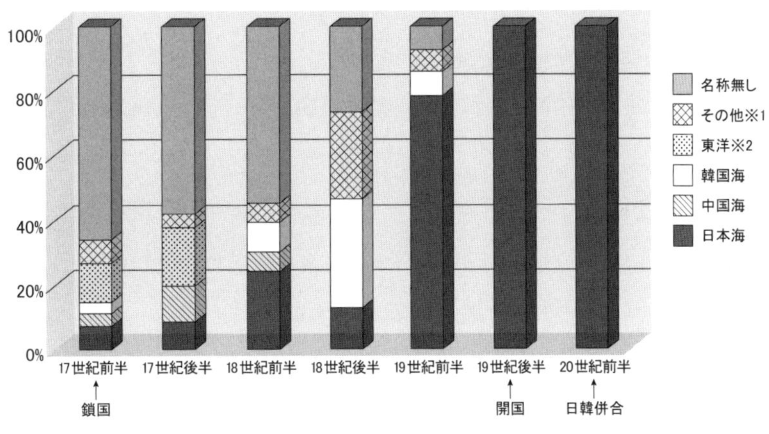

コラム図 2-2 日本海表記の年代別推移（菱山・長岡 1994 による）

※１ 北方海、朝鮮半島側が韓国海／東側が日本海

※２ Oriental Ocean, Oriental Sea など

2. 日本海の呼称に対する韓国の主張

韓国は1992年の国連地名標準化会議において、「日本海」という名称は、我が国が行った20世紀初頭における拡張主義、植民地主義に基づくものであり「東海」と改称すべきことを、初めて主張しました。その後、国際水路機関（IHO）の場においては、1997年に刊行物『大洋と海の境界』の改訂作業に関連して「日本海」を「東海」に変更あるいは併記すべきとの主張を行い、以降国際的にあらゆる機会を捉えてこのような主張を繰り返しています。

3. 日本海名称の定着過程

「日本海」という名称が初めて地図に使われたのは、1602年にイタリア人宣教師のマテオ・リッチが作製した「坤輿（こんよ）万国全図」であるといわれています。日本列島とアジア大陸の間の海の形状や沿岸の地理が明らかになったのは、18世紀の終わりから19世紀初めにかけて、フランス人のラ・ペルーズ、英国人のブロートン、ロシア人のクルーゼンシュテルンなどがこの周辺地域を探検した時で、20世紀以前に、ヨーロッパで作製された地図では「日本海」の名称が一般化し、国際的に確立しました（コラム図2-2）。このような事実から、韓国の主張に歴史的な根拠がないことは明らかです。

4. 国際水路機関などにおける動向

国際水路機関（IHO）は、海図、水路誌など水路図誌の最大限の統一などを目的に活動する国際機関です。同機関は世界の海域と名称を記載したガイドラインとして刊行する『大洋と海の境界』（S-23）に、1928年の初版から、「日本海」（Japan Sea）という名称を記載してきました。長期間安定的に使われ確立した名称をある国の政治的意図から変更することは、諮問的かつ純粋に技術的な性格を有する国際水路機関の設立趣旨にも反します。「日本海」は国際的に確立された唯一の呼称として単独表記とするべきなのです。

【参考文献】

・菱山剛秀・長岡政利（1994）「「日本海」呼称の変遷について」地図管理部技術報告（国土地理院）創刊号。

コラム 3：日本周辺の特色ある海域などの名称

1. 日本固有や海域特有の名称

海図や海の分野では、日本固有の名称である瀬戸、灘や浅瀬名称のほか、海ならではの特色ある名称があり、そのいくつかについて説明します。

2. 海域の名称

（1）海峡・水道・瀬戸

日本では、二つの大きな海面を結ぶ比較的狭い水路に対し、海峡・水道・瀬戸を用いて海図に記載してきました。その例をコラム表3-1に示します。

コラム表 3-1 海峡・水道・瀬戸

海　峡	宗谷海峡、津軽海峡、明石海峡 鳴門海峡、対馬海峡、大隅海峡
水　道	野付水道、浦賀水道、伊良湖水道 紀伊水道、友ヶ島水道、豊後水道
瀬　戸	由良瀬戸、備讃瀬戸、音戸ノ瀬戸 早鞆瀬戸、速吸瀬戸、針尾瀬戸

コラム表 3-2 浅瀬名称の例

礁、グリ	沖ノ孫八礁（三陸山田湾）、瓢簞グリ（佐渡沖）
瀬	ゲンタツ瀬（福井沖）、中ノ瀬（東京湾）、 沖ノ瀬（大阪湾）、鹿ノ瀬（播磨灘）
州	中ノ州（関門海峡）
根、ネ	当り根（牡鹿半島）
碆、バエ	土佐碆（高知沖）
その他	天狗の鼻（留萌沖）、マスノモ（備讃瀬戸）

「海峡」、「水道」は、それぞれ明治以降に導入された英語名のStrait、Channelの対訳名称です。Straitは、「二つの大きな海域を結ぶ比較的狭い水路」、Channelは、「船舶航行に十分な深さをもつ水路」と定義され、前者は、地形的観点からの呼称であり、後者は人文的観点からの呼称であることが分かります。一方、「瀬戸」は日本古来の名称で、本来は追門であって、サ（狭）ト（門）から転じた狭い通路（海）の意味で、瀬戸内海で多くみられます。

三つの用語には以上のような背景がありますが、日本における呼称法では、それぞれの間に大きさの概念や本質的な相違も基本的にはなく、○○海峡とか○○水道などの呼称は、多分に慣習的なもので同義語と解することができるといえます。

（2）灘

比較的沿岸に近い、島の少ない広い海面を指す日本固有の呼称法です。瀬戸内海では播磨灘、燧灘、安芸灘、周防灘など湾とほぼ同様の広い海域を指しますが、内海とはいえ、風浪が激しい航海が困難な海域にもなります。瀬戸内海以外のほかの海域では鹿島灘、相模灘、遠州灘、熊野灘、響灘、玄界灘、日向灘など外洋に面した波の荒い海域に当たります。

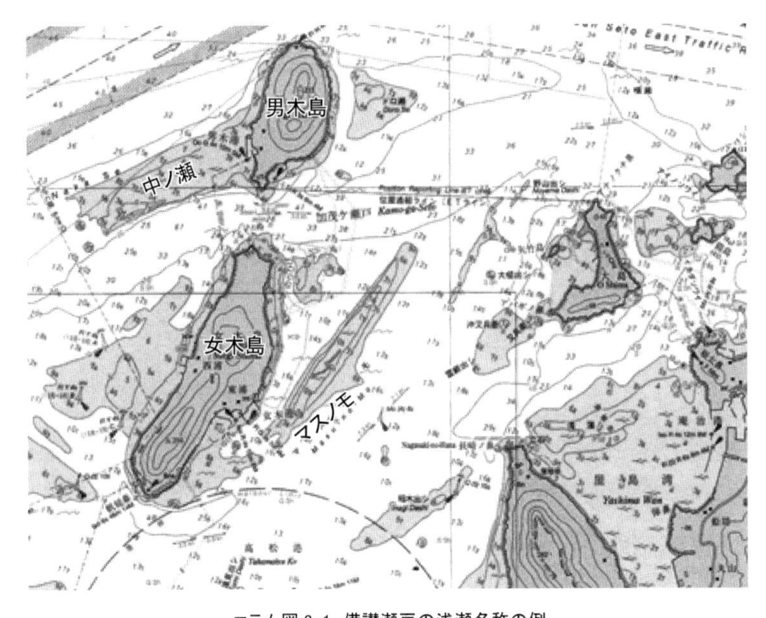

コラム図 3-1　備讃瀬戸の浅瀬名称の例
(海図 No.137A「備讃瀬戸東部」縮尺 4 万 5 千の 1 の一部を縮小)

(3) 海湾・湾・浦

陸地に湾入した水面を湾、湾より大きく入り口の広い大水面を海湾、湾より小さい入り江を浦といいます。英語名の Gulf が海湾、Bay が湾、Cove、Sound、Inlet が浦に相当します。日本ではかつて陸奥湾、東京湾、島原湾、鹿児島湾は海湾（Gulf）に相当するとして海図に、海湾として記載していましたが、日本の地形としてはふさわしくなく現在は使用していません。

湾には陸奥湾、東京湾、伊勢湾、大阪湾、浦には松川浦、江ノ浦、田子の浦、和歌浦、鞆の浦などの例があります。

3. 浅瀬の名称

日本では、浅瀬は古来から航海に危険な場所として恐れられる一方、しばしば好漁場をなし、漁師などにより各地方で、いろいろな名称が慣習的に使用されています。第 2 章表 2-1 には海底地形名小委員会（SCUFN）における浅瀬名称の国際的定義（英語名）を示しましたが、日本の海図ではこの国際的な定義に関わらず、慣習名として現地の呼称を記載しています。代表的な名称として礁、グリ、瀬、州、根、ネ、碆、バエ、曽根、堆などが日本全国で広く使われています（コラム図 3-1、コラム表 3-2)。

4. 群れを成す島や岬の名称

(1) 諸島・群島・列島

諸島・群島・列島は英語名の Islands、Group、Archipelago に相当し、一帯の海域に点在する一群の島々を諸島、群島、細長く列をなすように連なっている島々を列島といいます。しかし、これらの間に明確な区分はなく、海図や陸の地図（地形図や民間の地図帳など)、条約・法律などでは、対象とする範囲や諸島・群島・列島の名称が異なっていることに気づかれるでしょう。

とくに日本列島の南方及び南西方に位置する島嶼の名称と範囲は、我が国の領土が戦前から戦後にかけて変遷した経緯もあり、国土地理院と海上保安庁で異なっています。「地名等の統一に関する連絡協議会」において複数回協議が行われているものの統一には至っていません。

具体的には、日本列島南方の区域を構成する個々の島嶼の名称はほぼ統一されていますが、全体を包含する地名としての「南方諸島」は合意されていません。一方、日本列島の南西方の区域全体を包含する名称である「南西諸島」は合意されていますが、構成する個々の島嶼の名称は統一されていません。

以上を踏まえて、海図における記載を説明します。南方諸島は伊豆諸島（伊豆大島から孀婦岩（そうふがん））と小笠原諸島（小笠原群島、火山列島、沖ノ鳥島、南鳥島から成る）に2分され、小笠原群島は聟島列島、父島列島、母島列島から成ります。南西諸島は、大隅群島、吐噶喇群島、奄美群島、沖縄群島、先島群島、尖閣諸島、大東諸島から成ります。

（2）岬の名称（岬・埼・角・鼻）

海洋に突出した陸地の突端をいい、英語名のCapeは岬・埼、Point、Headは角・鼻に相当します。

岬地形を表す「さき」の字には、「崎」、「埼」、「碕」があり、陸の地形図では現地の使用法を原則として表記していますが、海図では1976（明治9）年以降現在に至るまで、山へんの「崎」は土へんの「埼」に改めて海図に記載しています。陸の地形図の塩屋崎、野島崎は海図では塩屋埼、野島埼といった具合です。

これは海図では航海者の便宜を考慮し、普通名詞部分を統一する原則と本来の字義に合わせたためです。つまり字義的には平野に突出した山地の出っぱりを「崎」といい、海域に突出した地形の先端は「埼」であるからです。ただし、これは地形を表す普通名詞についてだけであり、集落などの固有名詞は元々の崎を記載します。たとえば東京湾口の海図には、岬を表す地形の洲埼（Su-no-Saki）と集落名の洲崎（Sunosaki）が近くに記載されています。なお、潮岬などの「岬」及び石へんの「碕」はそのまま記載されます。

以上のことから、海図上の岬地形の表示は、宗谷岬、潮岬、塩屋埼、犬吠埼、日御碕（出雲）、村崎鼻、長崎鼻、鮫角（さめかど）（八戸港口）などとなっています。

コラム4：GEBCO（大洋水深総図）―世界の海底地形と地名のプロジェクト―

1. モナコの王様が始めた世界の海底の地図作り

モナコといえばみなさんは何を思い浮かべるでしょうか？　カーレースのF1モナコグランプリ、地中海に臨む高級リゾート地、グレース・ケリーモナコ公妃などでしょうか？　モナコ公国はフランスの中にある面積2.02 km^2、人口3万8,000人のバチカン市国に次いで世界で2番目に小さい立憲君主国です。あまり知られていませんが、実は、モナコは海の地図づくりや海底地形の命名に大変関係が深いのです。

各国の海図作製機関が加盟する国際水路機関（IHO）の本部がありますし、世界で最も権威ある海底地形図であるGEBCO（General Bathymetric Chart of the Oceansの略称でジェブコと呼ばれる）は、1899年にベルリンで開催された第7回国際地理学会議の決議に基づき、モナコ公国のアルベール1世大公の下で作製が

コラム写真4-1　アルベール1世（写真中央）の下で進められたGEBCOの編集作業

始められたのです（コラム写真 4-1）。

アルベール1世は、モナコ公国の大公であるとともに、自ら地中海や北大西洋の海洋観測に従事し、モナコに海洋博物館を建設するなど海洋に大変造詣が深い屈指の海洋学者だったのです。

このGEBCO第1版、第2版は、縮尺1,000万分の1、24図で全世界をカバーする海底地形図シリーズで、それぞれ1904年、1912年に完成しました。しかし、第3版はアルベール1世の死去により、モナコに本部のある国際水路局（後に国際水路機関に改組）に引き継がれました。

第5版からは、国際水路機関（IHO）とユネスコ政府間海洋学委員会（IOC）両機関の共同プロジェクトとして作製され、GEBCO計画の全般的指導監督はIHO／IOC合同指導委員会が行い、その下にいくつかの小委員会が設けられました。

第5版は縮尺1,000万分の1を中心に全19図で全世界をカバーし、日本は北西太平洋の5.06図版の編集を担当しました。海底の知識は近年の科学技術の進展などにより飛躍的に増大しましたが、海はまだまだ広く南太平洋やインド洋などデータが極めて粗い海域も少なくありません。また海の地図の作成は地道で根気のいる仕事で、これらの作業をになう人材の育成など課題も少なくありません。このため、GEBCOは、日本財団の支援を受け、2030年までに世界中の高精度の海底地形データベース構築するSeabed 2030プロジェクトを進行中です。

2. 世界の海底地形に名前をつける

GEBCOの中の一つの小委員会が第2章で述べた「海底地形名小委員会（SCUFN）」で、国際的な海底地形名命名の標準化に取り組んでいます。委員はIHOとIOCから選ばれた専門家により年1回のペースで集まり、ガイドラインに従い各国などから提案された海底地形名を審査し、承認された名称はGEBCOの海底地形名集（On-line GEBCO Gazetteer of Undersea Feature Names）に記載しています。

インターネットのGoogle Earthの地図検索で陸の地図を見る方は多いと思いますが、ぜひ海域も訪ねてください。海域データの出所として、GEBCOと記されていますし、海域の山に○○海山などの名称が記されていることに気付くでしょう。実はこれらの名称はこの小委員会が審議し、承認した地名が記載されているのです。Web上で海底の遊覧を楽しんでください。

【参考文献】
・八島邦夫（2014）「GEBCO（大洋水深総図）の思い出」水路168・169。

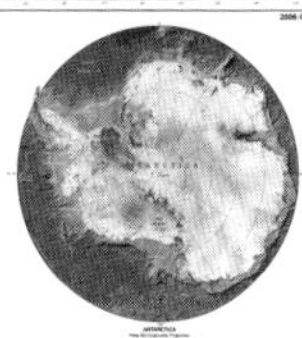

コラム図 4-1　GEBCO 世界海底地形図

コラム 5：日本近海の海底地形名あれこれ

1. 海底地形名小委員会（SCUFN）の東京開催

2001年に、GEBCO（コラム4参照）関係の会議がアジアで初めて日本で開催されました。第3章コラム8で示すように、海上保安庁は1983（昭和58）年から大陸棚延長のための精密海底調査を日本の南方海域で実施し、100万分の1の「大陸棚の海の基本図」を刊行してきました。折しも東京で開催された、海底地形名小委員会（SCUFN）には、大陸棚調査の精密データに基づく多くの海底地形名提案を行いましたが、多数の和製名称が採択され、日本の海底地形名命名史上、画期的な年となりました（コラム写真 5-1）。

竜宮城に？ かぐや姫 春の七草

海保が発見命名、国際承認

日本周辺の海底山

264山の名称 国際認知

海の底は純和風

海保が発見命名、国際承認

コラム写真 5-1　和風地名の国際承認を伝える新聞記事

2. 国際承認された海底地形名あれこれ

（1）純和風の集合的海山群

日本の南方海域には、多数の列や群れを成す海山があります。海底地形名命名のガイドラインである「海底地形名標準」には、陸から離れたところに位置するある一連の類似した地形の集合に対し、集合的な名称の付与が認められ、従来から天皇海山列、音楽家海山群などが知られています。会議ではこのような地形として「Chojyu Seamounts（長寿海山群）」、「Taiinnreki Seamounts（太陰暦海山群）」、「Gengo Seamounts（元号海山群）」、「Haru-No-Nanakusa Seamounts（春の七草海山群）、」などの名称が認められました（コラム図 5-1、5-2）。長寿海山群には、kanreki（還暦）、Koki（古希）、Beijyu（米寿）などが含まれ、日本の南の海には何とかぐや姫や春の七草など純和風の海底地形名称が国際名称として聳え立つつとは何とうれしいことではないでしょうか。

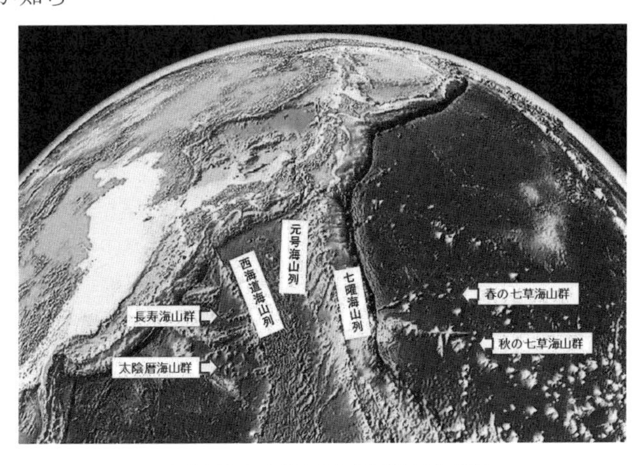

コラム図 5-1　いろいろな和風海山列（群）
（口絵 7 参照）

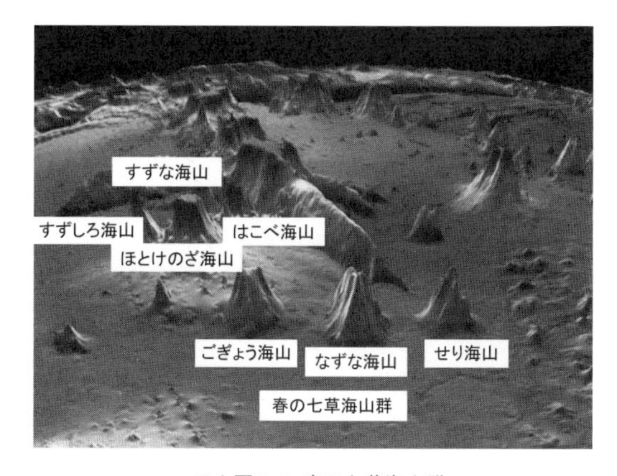

コラム図 5-2　春の七草海山群
（海のアトラスによる、口絵 8 参照）

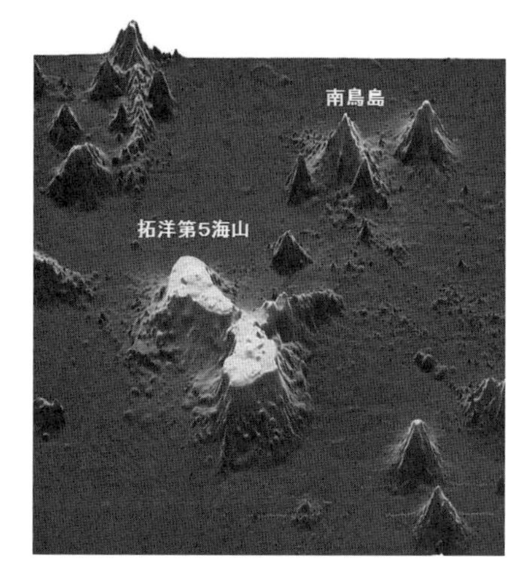

コラム図 5-3a　拓洋第 5 海山
（海のアトラスによる）

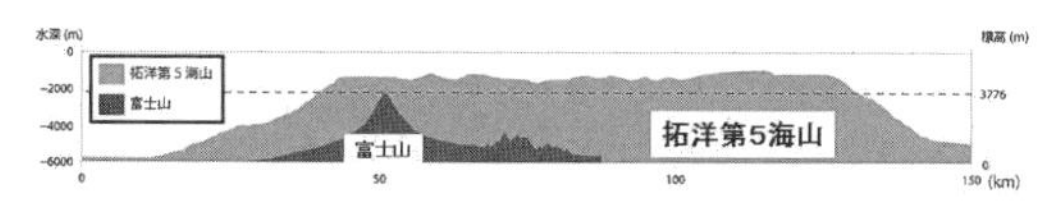

コラム図 5-3b　拓洋第 5 海山の断面図
（海のアトラスによる）

（2）大きな夢を運ぶ宝の山－拓洋第 5 海山－

南鳥島周辺には「奈須平頂海山」、「田山平頂海山」、「孫七平頂海山群」などたくさんの海山が点在します。海山の中には頂部が広大で平坦な平頂海山（ギヨー）と呼ばれる山もあります。平頂海山は、火山島が火山活動の停止とともに山頂が侵食され、島の周囲に珊瑚礁が形成された後、火山島や海底の沈み込みに珊瑚礁の成長が追いつけず、珊瑚礁ともども海面下に没した海山です。

南鳥島近くの「拓洋第 5 海山」（コラム図 5-3a、b）は、平頂海山です。この山と富士山（3,776 m）の大きさの比較を示しましたが、その規模がいかに大きいかが分かります。

南鳥島周辺海域では、レアアース泥やコバルトリッチクラストが大量に分布することが分かっています。資源の本格的開発は、将来のことになるかもしれませんが、大きな夢のある話です。

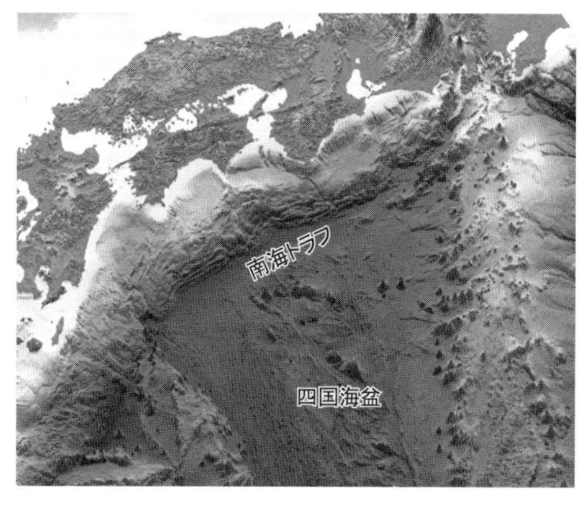

コラム図 5-4　南海トラフの地形
（海のアトラスによる、口絵 9 参照）

（3）巨大地震の発生が危惧される－南海トラフ－

口絵 6 を見ると、日本近海の海底には千島・カムチャツカ海溝、日本海溝、伊豆・小笠原海溝、南海トラフ、西南日本海溝などの溝状の地形が見られます。これらの地形はプレートの沈み込み口にあたり、トラフは海溝より浅い地形です。静岡県から九州に至る海底には水深およそ 4,000 ～ 4,500 m に達する細長い凹地があり、南海トラフと呼ばれています。南からのフィリピン海プレートが押し寄せ、日本列島（ユーラシアプレート）の下に沈み込んでいますが、フィリピン海プレート上に積もった堆積物がユーラシアプレートの斜面下部にかき寄せられ、シワ状の地形を作っています。この周辺では巨大な南海トラフ地震の発生が危惧されています。（コラム図 5-4）。

（4）日本海の巨大な山一魚の宝庫、大和堆

日本海は平均水深 1,350 m、最大水深 3,796 m

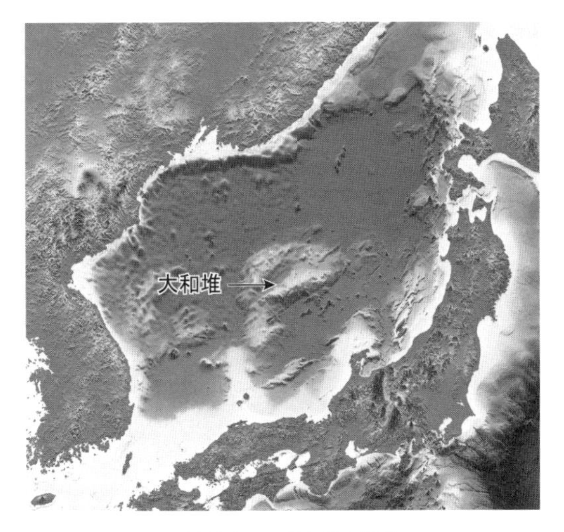

コラム図 5-5 日本海の地形
（海のアトラスによる、口絵 10 参照）

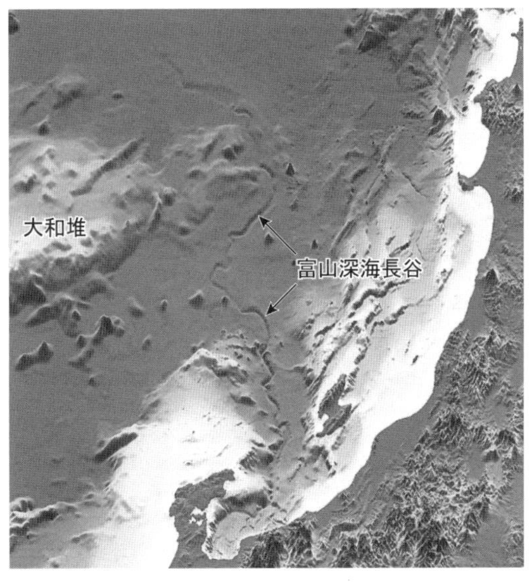

コラム図 5-6 大和堆、富山深海長谷の地形
（海のアトラスによる、口絵 10 参照）

のお盆のような形状をした海です（コラム図5-5）。その中心部付近には九州ほどの大きさを持つ比高約2,700 mの巨大な長楕円形の高まりがあり、大和海嶺と呼ばれています。この高まりには二つの浅瀬があり、浅い方は水深 236 m の大和堆です。1925（大正 14）年に発見した測量艦「大和」にちなんで名付けられました。暖流と寒流がぶつかり合い湧昇流が生じ、イカ、カニなどの好漁場となっています。国内外の漁船が多く集まり、外国船による我が国の排他的経済水域

コラム写真 5-2 チャレンジャーⅡ世号

内での不法操業が問題になっています。

さらにこの付近には、富山湾から発し大和堆を超えて日本海中部に達する長さ 750 km（信濃川の長さ 367 km の約 2 倍）の蛇行する海底の谷があり、富山深海長谷（ちょうこく）と命名されています（コラム図 5-6）。海底には砂礫を巻き込む混濁流という流れが存在し、このような地形を形成すると考えられていますが、かっては陸上の河谷が沈水して形成されたと考えられたこともあり、興味深い地形です。

(5) 世界で最も深い海－チャレンジャー海淵（かいえん）

世界の海で最も深いところはどこにあって、その深さはどの位かについてご存知でしょうか？　実は世界の海の最深部は、日本の南、約 2,700 km にあり、日本人観光客が多く訪れるグアム島近くのマリアナ海溝にあります（口絵 6）。そしてその深さは、エベレスト山（8,848 m）の高さをはるかに凌ぎ、1 万 m を超えています。

このマリアナ海溝の中の世界の海の最深部は、1951 年にこの深みを発見した英国の海洋調査船「チャレンジャー 8 世号」（コラム写真 5-2）にちなんで、チャレンジャー海淵（海溝の中の深みを意味する）と呼ばれています。その後、1957 年に旧ソ連の「ビチャーシ号」が同海域で、11,034 m を測定したことから、これが国際的に公認された水深となり、長い間、海図、アトラス（地図帳）などに記載されてきました。この「ビチャーシ号」による水深は、船

からの発射音の海底からの反射時間を人間の耳で測定して求めたものでした。

この改訂のきっかけとなったのは、海底を面的に測量できるマルチナロービーム測深機の出現で、1980年の米国スクリップス海洋研究所の「トーマス・ワシントン号」の測定（10,915 m）と、1984年の海上保安庁の測量船「拓洋」の測定（10,924 m）でした。世界の最深水深の決定は1993年のGEBCO（コラム4参照）の合同指導委員会に海溝の権威であるスクリップス海洋研究所のB・フィッシャー博士が出席して行われ、チャレンジャー海淵の位置及び水深は「拓洋」の成果を採用するが、「トーマス・ワシントン号」の測定値などを総合的に考慮し、水深値は、10,920 ± 10 mとすることを決めました。以来、この値がGEBCO、各国の海図やアトラス、理科年表などに記載されています。世界の海の最深水深は日本の調査結果が国際的に認められたもので、海洋国家日本にとり大変喜ばしいことです。ちなみに理科年表記載の世界の主な海溝の水深（第2章表2-2）は、B・フィッシャー博士、GEBCO海底地形名集及び海上保安庁海洋情報部、日本海洋データセンターの資料をまとめたものです。

コラム写真5-3 測量船「拓洋」（2,600トン）

【参考文献】
・海のアトラス編集委員会（2011）『海のアトラス』（財）日本水路協会。
・八島邦夫（1994）「世界の海の最深水深－マリアナ海溝チャレンジャー海淵」水路22-4。
・八島邦夫（2001）「大洋水深総図（GEBCO）関係会議の日本開催」水路30-2・30-3。

第3章　新たな海の秩序と海図の役割

1. 海に広がる日本の領域と海図

日本は、北海道、本州、四国、九州の四つの島と約6,800の島々から成る四方を海に囲まれた島国（海洋国家）です。海岸線延長は約3.5万km、国土面積は約38万km^{2}で、その広さは世界で61番目で、この狭い国土に1億3千万人が住んでいます。

図3-1は、「日本及近海」という表題の縮尺500万分の1の海図で、日本の最北端の択捉島、最南端の沖ノ鳥島、最東端の南鳥島、最西端の与那国島の島々など日本の全領域が記載された海図です。図3-2は、本州など主要四島付近を部分的に示したものです。図3-1から日本の南北間の距離は約3,000 km、東西間の距離は約3,100 kmに及び、日本の領域の広がりがいかに大きいかが分かります。領域が広いため、気候もオホーツク海上の亜寒帯から太平洋上の亜熱帯にわたり、南北間の冬の気温差は摂氏30度にも達します。

国が国であるためには、「領域」、「国民」、「主権」の三つが必要であるといわれています。**国の主権**とは、他国の意思に左右されず、自らの意志で国民及び領土を統治する権利をいい、この国の主権が及ぶ範囲を**領域**といいます。図3-3に示すように陸地である領土と領土に接する海域である領海と領土および領海の上空に広がる領空から成ります。また新聞紙上にしばしば登場する**海洋権益**とは、海洋に関する権利と利益のことで具体的にはこれから述べます。

ところで日本の**国境**はどこにあるのでしょうか？　日本は島国であり、陸で外国と接する国々のようにあまり意識することがないかもしれませんが、国境線はすべて海上にあり、これから述べる領海の限界線が日本の国境となります。**海図**には、領海などの幅を測定する際の基線と国境となる領海の限界線が記

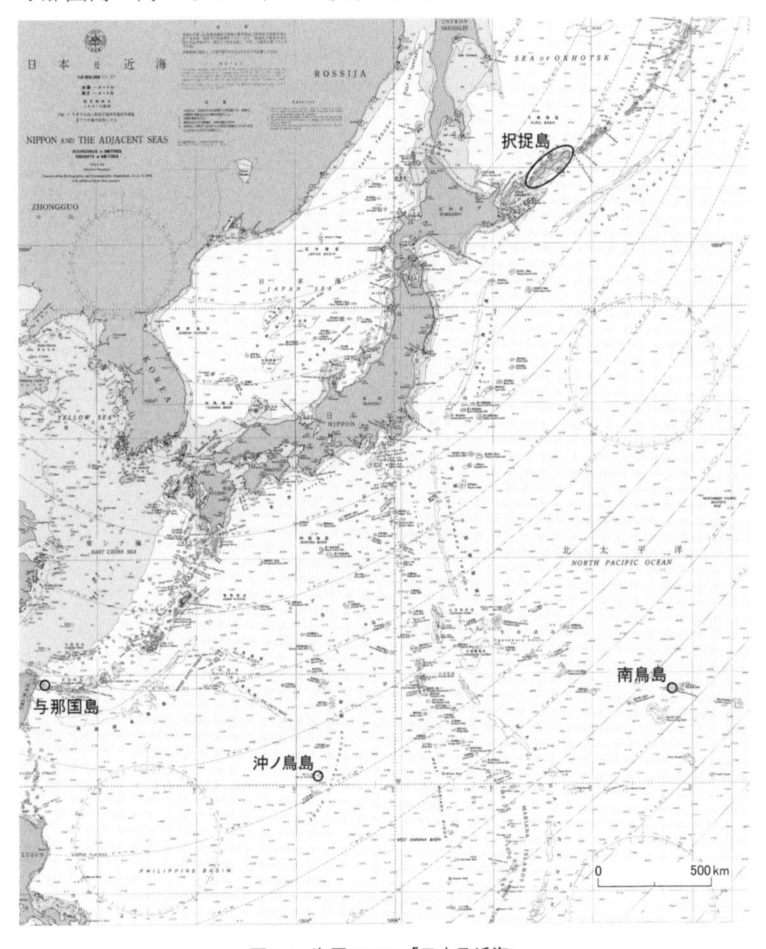

図3-1　海図W1009「日本及近海」
（縮尺500万分の1の一部を縮小、日本の全領域を表示、口絵11参照）

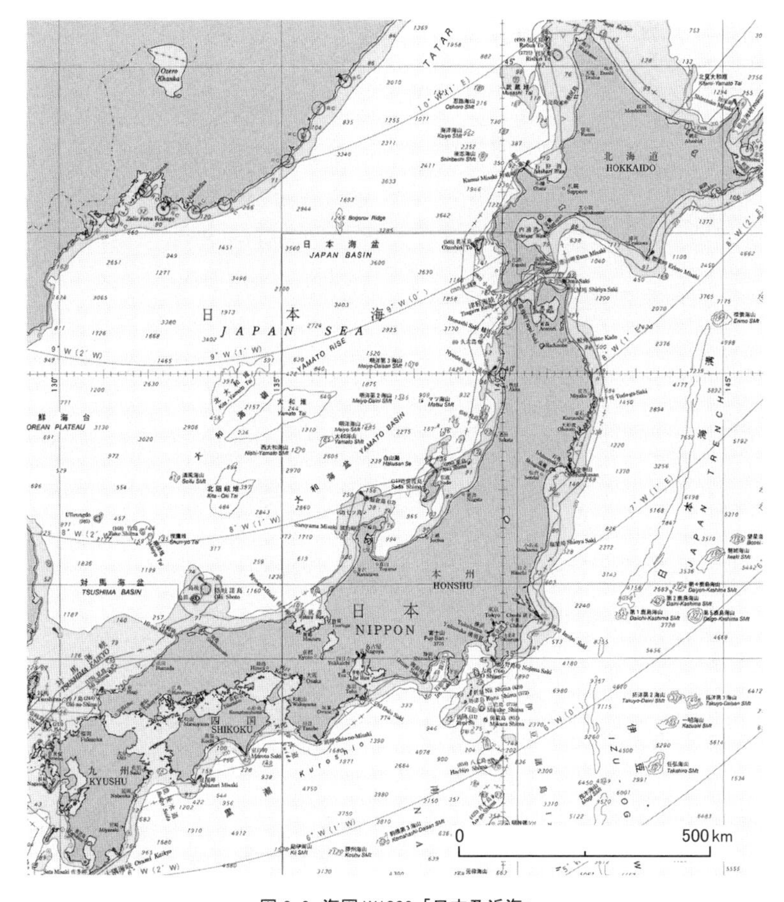

図 3-2　海図 W1009「日本及近海」
（縮尺 500 万分の 1 の一部を縮小、本州など主要 4 島周辺、口絵 1 参照）

載されており、国の領域（範囲）を知るうえで大変重要な海の地図なのです。

海図は航海の安全に必要不可欠な海の地図で、海上保安庁により作製･刊行されています。海図には航海目的に加え、領海などの国の主権を支え、海洋権益を守るための大変重要な情報が記載されており、本章でその内容について説明します。

2. 海の秩序の形成・海洋法の歴史

個別の議論に入る前に、まず世界の海の秩序形成の歴史と海洋法の歴史を振り返ってみます。海洋法とは、世界の海の秩序形成に関する国家間の取り決め、国際的な慣習であり、海の秩序形成の歴史はとりもなおさず海洋法の歴史ということもできます（表 3-1）。

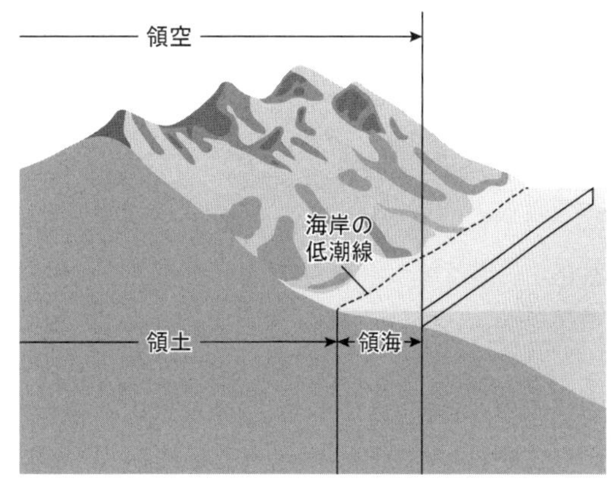

図 3-3　領土・領海・領空の概念図
（口絵 17 参照）

およそ 2,000 年前の世界は、ローマ帝国の地中海世界が中心でした。この頃は海や海岸は万人のもので、特定の個人、団体、国家のものという考え方はなく、中世も基本的に同じでした。

表 3-1 海洋秩序の形成・海洋法の歴史

紀元前後〜 中世まで	ローマ帝国（地中海時代）海岸、海洋は特定の所有物ではないという考え
15 〜 16 世紀	ポルトガル・スペインによる世界の海洋の分割（大航海時代）
17 〜 19 世紀	英国・オランダの海洋進出（海洋の自由）
〜第 2 次世界 大戦まで	狭い領海と広い公海（海洋の自由）
第 2 次世界 大戦後	沿岸国による領海を超えての権利主張（漁業・資源など）
1857 〜 1982	国連海洋法会議（1 次〜 3 次）
1994 〜	国連海洋法条約の発効（海洋の管理）

14 世紀頃になると羅針盤が発明され、15 〜 16 世紀のポルトガル、スペインによる大航海時代が始まり、両国はローマ法王の許しのもと、世界の海を分割支配していました。後発組として登場したイギリスとオランダは「海洋自由の原則」を掲げて両国と争い、1588 年にイギリスはスペインの無敵艦隊を破って世界の広い海を支配し、大英帝国の時代が始まることになりました。このような状態は基本的に第 2 次世界大戦まで続き、イギリスを中心とする海の秩序が世界中を支配しました。

つまり、古来、海洋をめぐっては、「海洋の自由」と沿岸国（海に面した国）が排他的な権限を有する「海洋の支配」の考えが対立してきましたが、海上貿易や軍事上の理由から沿岸国に 3 海里（約 5.5 km で、当時の大砲の着弾距離に当たる）までの領海を認める一方、その外側に位置する海は自由とする「公海自由の原則」が長い間、慣習法として定着していったのです。

第 2 次世界大戦が終わると、続々と独立した旧植民地の発言力が強まるとともに海洋科学技術の急激な進展があり、沿岸国の中で漁業や大陸棚の資源開発といった目的において、領海を超えて権益の確保を主張する動きが出てきました。このような動きの活発化に伴い、国連は第 1 次の国連海洋法会議を、1957 〜 1958 年に海洋の秩序の確立を図る目的でジュネーブにおいて開催し、公海、領海、漁業・生物資源保存、大陸棚についての四つの条約を成立させました。これらはジュネーブ 4 条約と呼ばれ、海の国際的なルールを確立する最初の動きとなったのです。

第 2 次の国連海洋法会議は 1960 年に行われ、主に領海幅についての議論が行われ、3 海里、12 海里、200 海里などの意見が出されましたが、合意が得られませんでした。

しかし、海洋利用のさらなる進展や紛争が頻発するにつれ、海の総合的な条約制定の機運が高まり、1973 年から 1982 年の間、第 3 次の国連海洋法会議が開催されました。会議には 130 数カ国が参加し、10 数年に及ぶ審議を経て 1992 年 4 月 30 日に「海洋法に関する国際連合条約（国連海洋法条約）」が採択され、その後、1994 年 11 月 16 日に発効（効力を有すること）することとなりました。

3. 国連海洋法条約
ー「海洋の自由」から「海洋の管理」へー

現在の海洋の秩序は、**国連海洋法条約**により形作られています。この条約は「海の憲法」ともいわれ、海に関する事項を初めて網羅的に規定していますが、本条約では従来からの海域の区分や海の諸制度は根底から変えられ、日本は資源の乏しい小さな島国から、資源大国も夢ではない世界有数の海洋大国に生まれ変わることになったのです。

条約は、全 320 条の本文と九つの付属書から成る膨大なもので、注目すべきは、これまでの「**海洋の自由**」の原則が後退し、沿岸国の権限

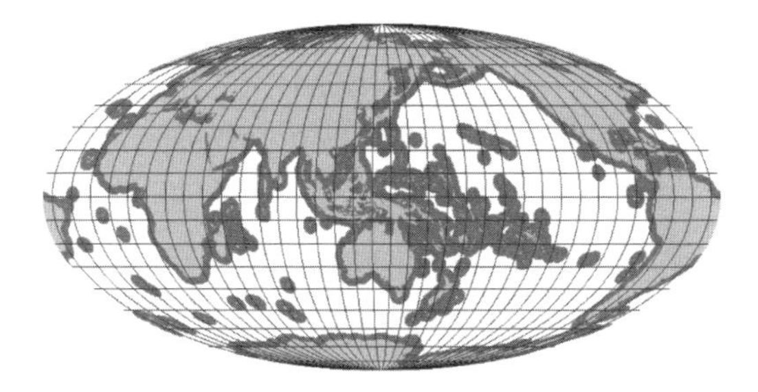

図 3-4 世界の 200 海里水域分布図
（フランダース海洋研究所データを基に作成、口絵 16 参照）

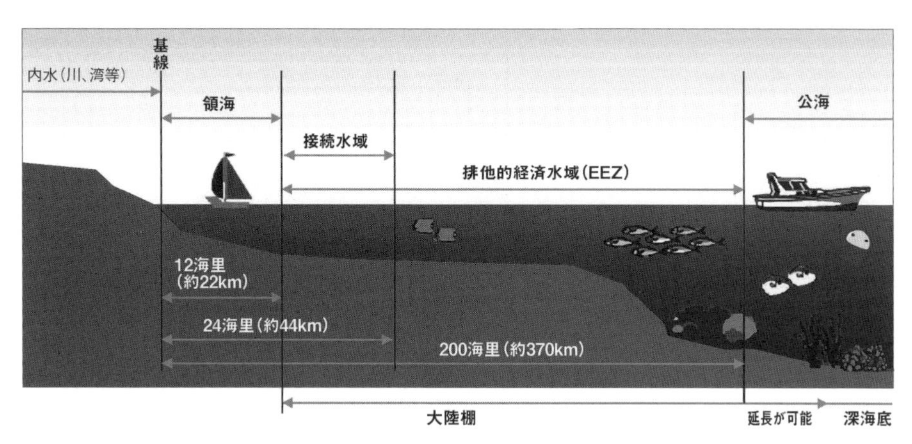

図 3-5　国連海洋法条約に基づく海域区分の概念図
（外務省 HP による、口絵 18 参照）

を大幅に拡大し、海洋を多元的に区分・管理する「**海洋の管理**」へと変わったことです。

また、次節で詳述しますが、特筆されるのは、距岸最大 200 海里という広大な排他的経済水域の制度が設けられたことです。これにより、現在の地球上の海洋の約 4 割強はいずれかの国の管轄下に置かれることになりました。とくに日本からオーストラリアに向かう西・南太平洋のかなりの部分は、小島嶼国の排他的経済水域により埋め尽くされていることが注目されます（図 3-4）。

4. 国連海洋法条約と新たな海域区分

図 3-5 には国連海洋法条約に基づく新たな海域区分を示します。従来は領海とその外側の公海の 2 区分でしたが、陸側から内水、領海、接続水域、排他的経済水域（EEZ）、公海の五つに区分され、さらに海底及び海底下については大陸棚、深海底が新たに定義されたのです。

では、どうして排他的経済水域が新設され、大陸棚の定義が大きく変わったのでしょうか？海洋法条約の審議では、領海の幅は各国の主張は従来の 3 海里から 200 海里まで入り乱れていました。そこで領海は 12 海里とする一方、200 海里の主張をしていた国の背景にあった沿岸国の資源開発などの権利を排他的経済水域として認め、沿岸国の経済活動の権利と航海の自由の両立を図ったのです。ここでは海域と海底及び海底下に分けて説明します。

（1）海域の区分

内水は、川や湾などと領海基線の内側の水域で、沿岸国は陸地なみに主権を行使できます。日本では、東京湾や瀬戸内海などがこれに当たります。

領海は、国の主権をほぼ領土と同様に行使できる海域で、沿岸国の法律が適用されますが、領土と異なる点は、外国の船舶は、無害通航権 [1] が認められることです。領海は、かつては基線からその外側 3 海里の線の海域まででしたが、最大 12 海里（約 22 km）の線までの海域に拡大されました。なお、海では一般に距離の単位は海里で表され、1 海里は、メートル法では、1,852 m に相当します。

接続水域は、領海に接続する領海基線から最大 24 海里（約 44 km）の線までの海域で、通関、出入国管理などについてのみ一定の規制を行うことが認められる海域です。

排他的経済水域（EEZ）は、領海に接続する領海基線からその外側最大 200 海里（約 370 km）の線までの海域です。沿岸国に漁業、鉱物資源に対する主権的権利、海洋の科学的調査や海洋環境の保護などに関する管轄権などが認められます。この海域では、外国船舶は自由に航行できますが、漁業活動や海洋調査などは沿岸国の許可なしに行うことはできません。このような権

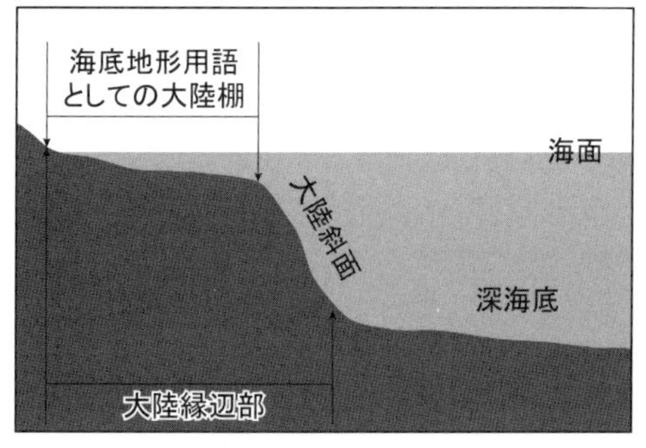

▲図 3-6　地形学上の大陸棚

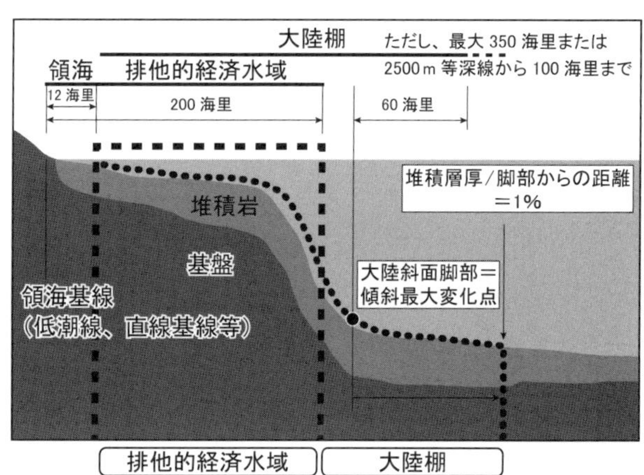

▶図 3-7　国連海洋法条約上の大陸棚
（海上保安庁海洋情報部 HP による）

利は、領海に存在する「**主権**」とは違って「**主権的権利**」と呼んで区別されます。

公海は、内水や領海、排他的経済水域を除く海域で、特定の国の主権に属さず、原則自由の海ですが、自国の旗を掲げる船舶に対する管轄権が認められています。つまり、日本船舶であればその船内での犯罪行為などには、日本の法律が適用されます。

なお、航行の自由など公海において適用される規定の大部分は、排他的経済水域においても適用されます。このため、排他的経済水域も含めて広い意味において「公海」といわれることがあります。

(2) 海底及び海底下の区分

領海を除く海域の海底及び海底下は、大陸棚と深海底に分けられます。

大陸棚は定義が従来と大きく変わり、原則として領海基線からその外側 200 海里の線までの海底及び海底下の区域で、海底の生物、鉱物資源探査及び開発に関する主権的権利が認められています。さらに海底の地形・地質的条件が国連の「大陸棚の限界に関する委員会」(以下、「**大陸棚限界委員会**」) において認められれば、200 海里を超えて延長することが可能です。

自然科学（地形学など）において大陸棚は、海岸から引き続く平坦な地形の部分を指し（図 3-6)、世界的に通常、海岸から水深 130 ～ 140 m までの海域です。また、1958 年に制定された「大陸棚条約」では、大陸棚は水深 200 m まで、または開発可能な水深までの海底及び海底下と定義されました。一方、国連海洋法条約での大陸棚は自然科学や地形学、従来の「大陸棚条約」とまったく異なり、さらに地形学でいう大陸斜面や深海底など、地形の如何を問わず 200 海里までは大陸棚となり、地形・地質的な条件次第ではさらに延長することが可能となったのです。この点で「大陸棚」は管轄海域を示す言葉にもなったのです。

大陸棚の定義の大幅な変更は、大陸棚条約制定当時の開発可能な水深は数百 m 程度でしたが、近年は水深数千 m の海底にも及ぶこと、また、200 海里までの海域が排他的経済水域として設定されたことなどが関係しています。

延長の条件は図 3-7 に示すように大陸斜面脚部（大陸斜面の下の端で、傾斜が最も大きく変化するところ）を陸塊の末端と考え、そこから 60 海里までの区域または堆積岩の厚さが大陸斜面脚部からの距離の 1 %の区域までを大陸棚とすることができます。

しかし、延長できる大陸棚の範囲には制限があり、領海基線から 350 海里または 2,500 m 等深線から 100 海里までのいずれか遠い方が上限とされます。

深海底は大陸棚とともに新設された概念で、人類共通の財産とされ、いずれの国の管轄権も及ばない区域の海底及び海底下をいいます。深海底では 1994 年に設立された「国際海底機構」の下に開発などが進められます。事務局はジャマイカの首都キングストンに置かれています。

5. 海の境界線と海図記載

(1) 領海・排他的経済水域・大陸棚などの測り方

これまで国連海洋法条約における新たな海域区分などについて述べてきましたが、領海などは、何を根拠にどのように測るのでしょうか?

海図は従来、航海用の海の地図として重要でしたが、条約により新たに重要な役割が加わることになったのです。

つまり、条約の第 3 条では「領海は、基線から測定する」とあり、第 5 条では「領海の幅を測定するための**通常の基線**は、沿岸国が公認する**大縮尺海図**に記載されている海岸の**低潮線**(図 3-8) とする」と規定されています。

条約ではこれらの通常の基線以外に、一定の制限付きながら、特例の基線を認めています。特例の基線には、河口、湾、直線基線、群島基線などがあります。

海にそそぐ河川の河口の基線は、河口両岸の低潮線間を結ぶことができ、湾の基線は湾入する水域の面積が湾口の長さを半径とする半円の面積より大きいこと、湾口の幅は 24 海里までなど、一定の条件を満たす場合に引くことができ (図 3-9)、直線基線は海岸線が著しく曲折しているか、海岸に沿って至近距離に一連の島がある場所には、適当な地点を結んだ直線を基線とすることができます。群島基線は、群島国家において陸と水域の面積などが一定の要件を満たす場合、外縁の島々などを直線で結ぶ基線を引くことができるというものです。直線基線ではノルウェーのフィヨルド海岸 (図 3-10) が、群島基線は群島国家であるインドネシアがよく引き合いに出されます。

図 3-11 には、**領海基線**と領海の限界線の関係を模式的に示します。港の恒久的な防波堤な

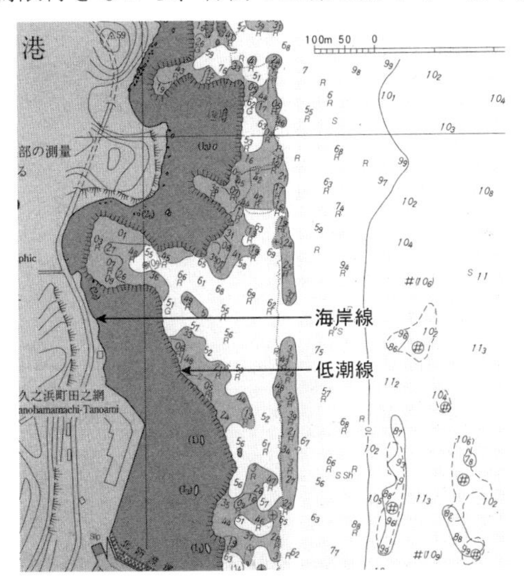

図 3-8 海図の低潮線表示例

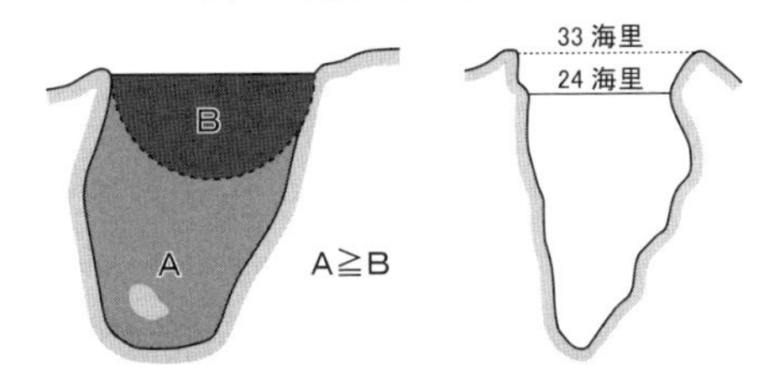

図 3-9 湾の定義

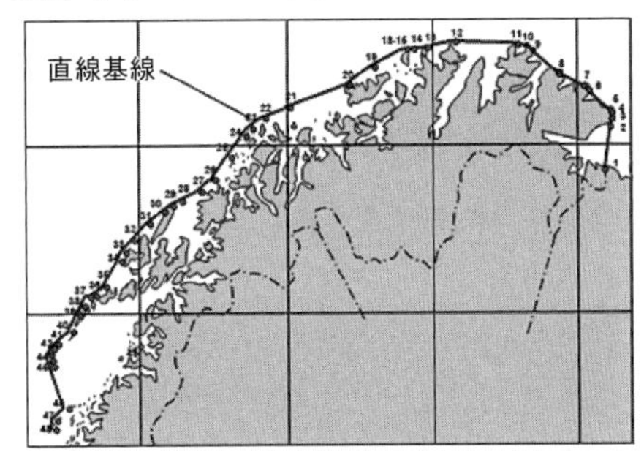

図 3-10 直線基線の例
(ノルウェー)

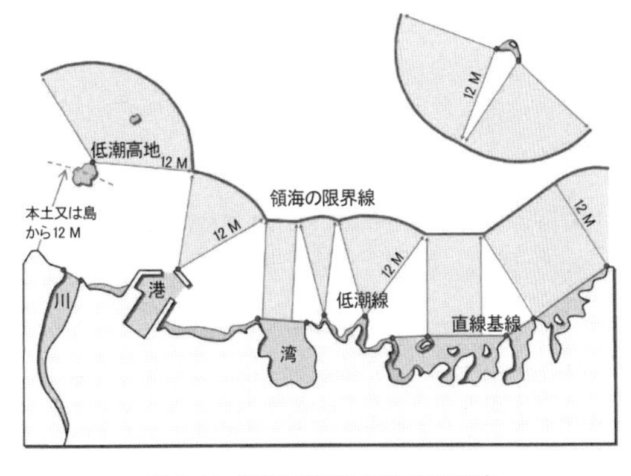

図 3-11 領海の基線と領海の限界線
(海上保安庁海洋情報部 HP による、口絵 19 参照)

どが港湾施設の不可分の一部である場合は防波堤の先端を領海の基点とすることができ、12海里以内に**低潮高地**がある場合は、そこを基点として領海の幅を測定することができることを示しています。低潮高地とは、自然に形成された陸地で、低潮時には水面上にあるが、高潮時には水中に水没するものをいいます。

以上から、港の防波堤や低潮高地も領海基線とすることができますが、これらを主張するには詳細で正確な海図刊行が前提であることはいうまでもありません。

以上述べた領海基線は、領海のみならず接続水域、排他的経済水域、大陸棚などの管轄海域や隣接国や相対国との間の境界画定線を定める際の基線ともなる､極めて重要な線でまさに｢泣く子も黙る領海基線」ということができます。

(2) 領海などの隣接国・相対国との間の境界画定

隣接国・相対国との間が24海里未満で領海が重複する場合の境界画定は、条約15条に、両国間に別段の合意がない限り、等距離中間線（図3-12）を超えて領海を拡大することはできないと規定しています。

他方、排他的経済水域、大陸棚が隣接国・相対国との間で重複する場合の境界画定は、それぞれ条約の第74条、第83条に衡平な解決を達成するため、国際法に基づき合理的な期間内における話し合いによる合意を求め、当事国による紛争が解決されない場合において､第281条、第287条で紛争解決手続きの選択として、国際司法裁判所、国際海洋法裁判所、仲裁裁判所などへの付託を述べています。

(3) 領海などの海図記載

条約では、湾、河口、直線基線、群島基線の特例の基線、領海、排他的経済水域、延長大陸棚の限界線、隣接国・相対国との間の境界画定線は、位置を表示するのに適した縮尺の海図に記載するなどして公表するとともに、国連事務総長へ寄託することを定めています。

直線基線などの特例の基線や、領海の限界線

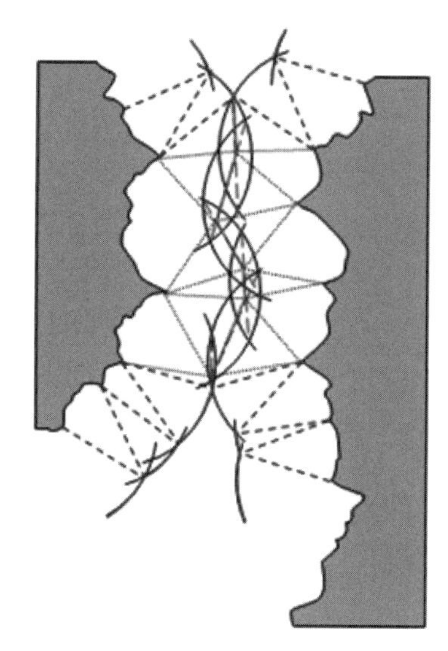

図3-12　等距離中間線の引き方

記号	意味
	領海の直線基線及び基点
——+ +——	領海の限界線
——+——	接続水域の限界線
	漁業水域の限界線
United Kingdom Continental Shelf	大陸棚の限界線
FRANCE EEZ	排他的経済水域（EEZ）の限界線

図3-13　領海などの記号例

などの記号の色や形状は、海図作製の標準化を進めている**国際水路機関（IHO）**[2]が定めています（図3-13）。

6. 国連海洋法条約への対応

(1) 国連海洋法条約の批准・発効

我が国は､これまで海上貿易や漁業の面で｢海洋の自由」を享受しており、海洋法条約の審議の過程において、沿岸国の権限の拡大に反対の立場をとってきました。

しかし、諸検討を行った結果、1996年6月20日には同条約を批准し、1カ月後の7月20日には、我が国に対して発効（効力を有すること）しました。この新しい海洋時代の幕開けを記念して、7月20日の「海の記念日」は、国民の祝日「海の日」として制定されたのです。

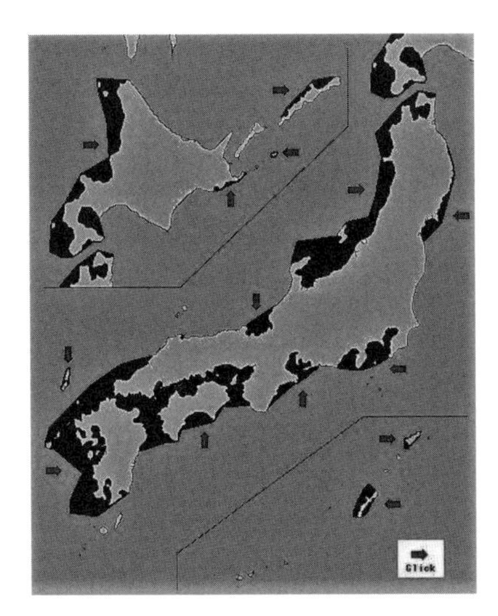

図 3-14　日本の直線基線
（海上保安庁海洋情報部 HP による）

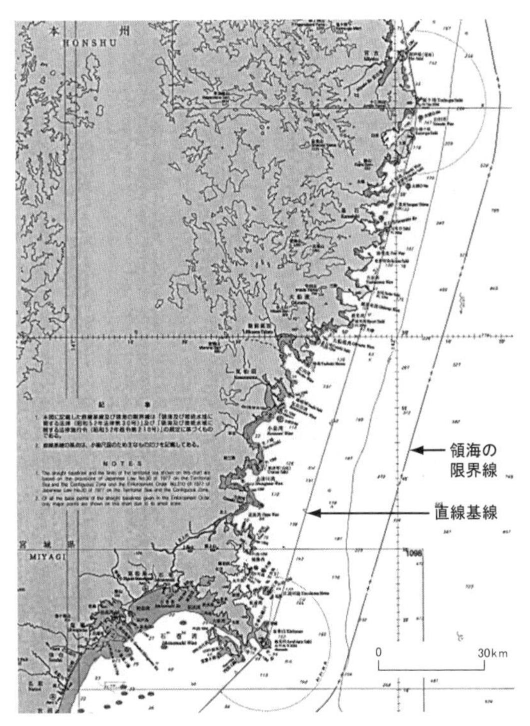

図 3-15　海図 W72「金華山至津軽海峡」
（縮尺 50 万分の 1 の一部を縮小）

条約の批准に備え、1992 年には海上保安庁水路部に「領海確定調査室」を設置し、領海や排他的経済水域などの設定に関する技術的観点からの検討が行われました。その後、実際の批准にあたり、国内法制の整備が大きな課題となったことから、1995 年に内閣外政審議室に担当室が設置され、国内法制の整備に関する調整が行われました。

(2) 国内法の整備と海図への領海などの表示

条約の我が国への発効にともない、従来の「領海法」（以下、旧「領海法」は、「**領海及び接続水域に関する法律**」（以下、新「領海法」）に改正されるとともに「**排他的経済水域及び大陸棚に関する法律**」が新たに制定されました。そして、これに従い我が国に従来からの 12 海里の領海[3)] に加え、24 海里の接続水域、200 海里の排他的経済水域が新たに設定されたのです。

我が国では新「領海法」施行令において、「海岸の低潮線は海上保安庁が刊行する大縮尺海図に記載のとおりとする」と定められています。海上保安庁刊行の大縮尺海図の海岸では、図 3-8 のように海岸線と低潮線の 2 本の線が描かれており、その外側（海側）の低潮線が通常の基線となります。潮が最も満ちた時点での陸と海の境界線が海岸線、潮が最も下がった時点での陸と海の境界線が**低潮線**で、第 1 章で詳しく述べました。

条約の批准に先立つ検討の結果、我が国では、特例の基線として、海岸線が著しく曲折しているか、海岸に沿って至近距離に一連の島がある場所には、適当な地点を結んだ直線を基線とすることができる「直線基線」を 15 カ所（図 3-14）に採用しました。図 3-15 にはその中の一つである三陸海岸の海図表示例を示します。

条約では、公海や排他的経済水域などを結び国際航行に使用されるいわゆる国際海峡（ジブラルタル海峡、マラッカ・シンガポール海峡など）では、新たに沿岸国の領海の拡大により含まれることになっても、すべての船舶や航空機は通過通行する権利を有することが規定されました。

一方、我が国では領海の幅を 12 海里と定めていますが、国際航行に使用され、かつ幅の狭い海域である宗谷海峡、津軽海峡、対馬海峡の東水道・西水道、大隅海峡の 5 海峡（図 3-16）については、当分の間、特定海域として領海の幅

宗谷海峡

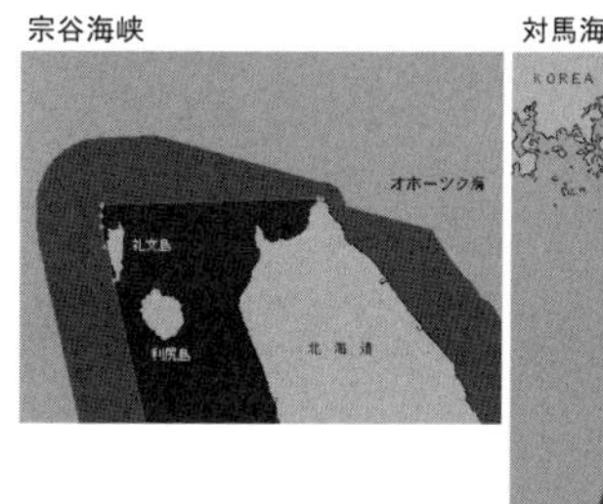

対馬海峡東水道・西水道

津軽海峡

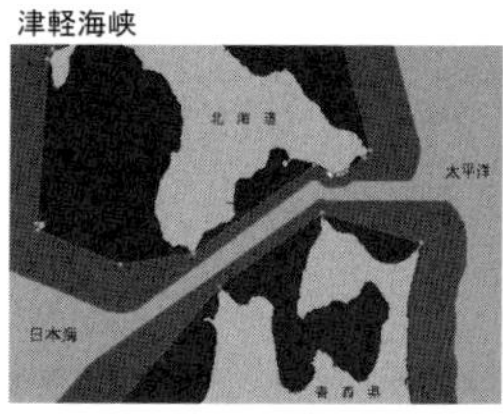

大隅海峡

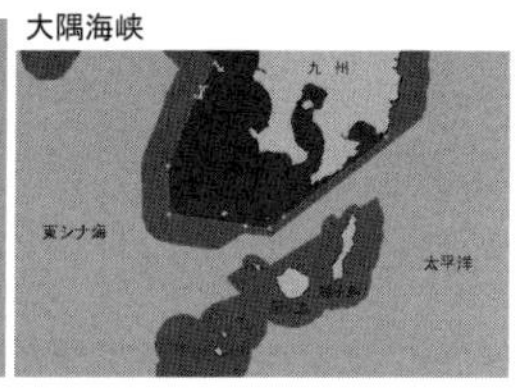

図 3-16 日本の 5 海峡の特定海域
(海洋政策研究所 2005 による)

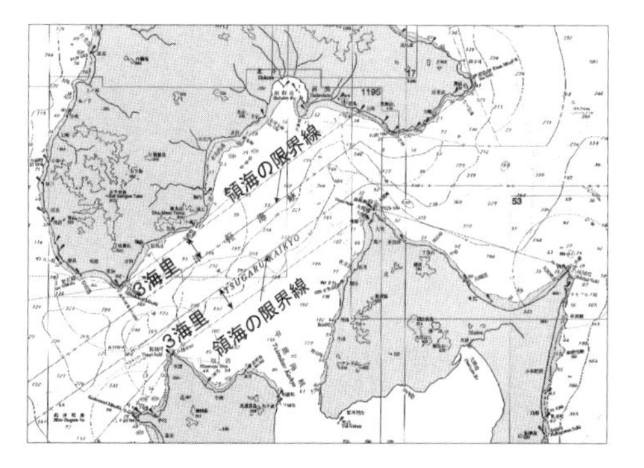

図 3-17 特定海域としての津軽海峡 海図 W72「金華山至津軽海峡」(縮尺 50 万分の 1 の一部を縮小)

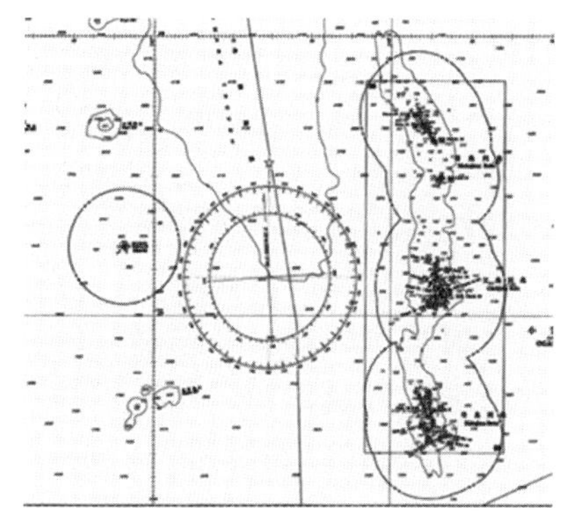

図 3-18 海図 W83「鳥島至母島列島」
(縮尺 50 万分の 1 の一部を縮小、小笠原諸島周辺)

を 3 海里として凍結しています。図 3-17 には津軽海峡の海図を示しましたが、このことにより海峡の中央部は公海となります(コラム 6 参照)。

領海などの海図記載については、我が国は、

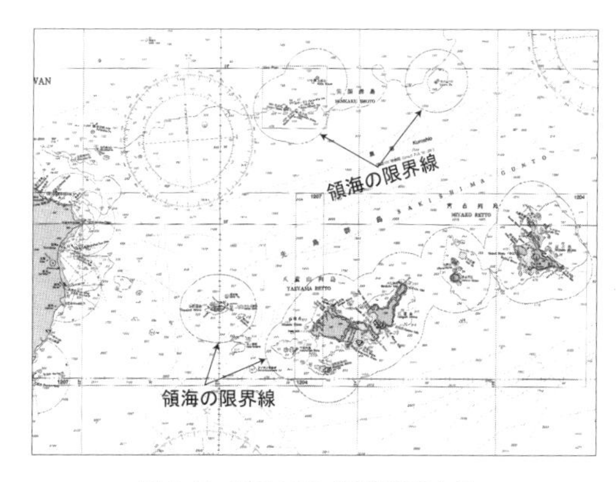

図 3-19 海図 1203「沖縄島至台湾」
(縮尺 75 万分の 1 の一部を縮小、先島諸島周辺)

図 3-20 米国海図 INT50「北太平洋東部」
(縮尺 1 千万分の 1 の一部を縮小)

おおむね縮尺 20 万分の 1 より小縮尺の海図に国際水路機関が定めた記号の色や形状に従い直線基線や領海の限界線を記載しています。図 3-1、3-2、3-15、3-17、3-18、3-19 がその例ですが、排他的経済水域の限界線は記載していません。

(3) 諸外国における領海などの海図記載

諸外国では、領海の限界線や特例の基線(湾口の基線、直線基線など)、外国との協定に基づく境界線は多くの国が記載しています。一方、排他的経済水域の限界線は、ニュージーランドや米国(図 3-20)など記載している国もありますが、我が国周辺の中国、韓国などを含め記載していない国も少なくありません。

7. 世界の海洋大国「日本」

(1) 島が産み出す広大な海域

図 3-21 は、国連海洋法条約に基づく日本の領海、排他的経済水域、延長大陸棚などについて外国との境界が未画定の海域における地理的中間線も含め便宜上図示した概念図です。

領海内と排他的経済水域を合わせた水域の面積は、表 3-2 に示すように国土面積の約 12 倍の約 447 万 km^2 となり、我が国は世界第 6 位（海洋政策研究所 2005）[4)]の水域（表 3-3）を持つ、海洋大国となりました。

さらに排他的経済水域の海水量で見ると、日本周辺には日本海溝、伊豆・小笠原海溝や太平洋の深海底があることから、その量は約 1,580 万 km^3 に達し、この点では、世界で第 4 位（海洋政策財団 2006）となります。

表 3-3 には、各国の排他的経済水域の陸地面積に対する比を示しました。これによると日本は約 11.9 倍となり、ニュージーランドの約 17.9 倍に次ぎ世界で 2 番目に大きく、条約の恩恵を大いに受けていることが分かります。そして排他的経済水域の 6 割は本州など主要 4 島以外の南方諸島、南西諸島、南鳥島、沖ノ鳥島などの離島から産み出されており（図 3-22）、そのいくつかは海域の火山です。

図 3-21　日本の領海、排他的経済水域などの概念図
（海上保安庁海洋情報部 HP による、口絵 20 参照）

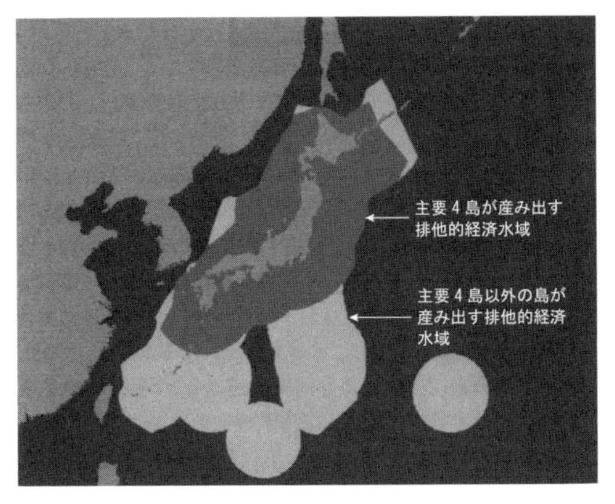

図 3-22　主要 4 島以外の島が産み出す排他的経済水域
（海洋政策研究所 2005 による）

表 3-2　領海、排他的経済水域の面積（海上保安庁海洋情報部 HP による）

国土面積	約 38 万 km^2
領海（内水を含む）	約 43 万 km^2
接続水域	約 32 万 km^2
排他的経済水域（接続水域を含む）	約 405 万 km^2
領海（内水を含む）＋排他的経済水域（接続水域を含む）	約 447 万 km^2
延長大陸棚※	約 18 万 km^2
領海（内水を含む）＋排他的経済水域（接続水域を含む）＋延長大陸棚	約 465 万 km^2

※政令により設定された海域

表 3-3　世界の 200 海里水域の面積上位 10 ヵ国と陸地面積の比較（海洋政策研究所、2005 による）

国名	排他的経済水域などの面積（万 km^2）※	陸地面積（万 km^2）	排他的経済水域などと陸地の面積比
アメリカ	762	936	0.8
オーストラリア	701	769	0.9
インドネシア	541	190	2.9
ニュージーランド	483	27	17.9
カナダ	470	470	0.5
日本	447	38	11.9
ロシア※	<449	<2240	0.2
ブラジル	317	851	0.4
メキシコ	285	197	1.5
チリ	229	76	3.0

※旧ソ連時代の数値

最近話題を呼んでいる西之島（コラム7参照）は2013年の噴火活動開始以来、成長を続け、2016年6月には噴火前の面積の約12倍の2.7 km^{2}に拡大しました。2017年6月30日には2015年6～7月及び2016年10～11月の測量船による調査に基づき、海図「西之島」、海底地形図「西之島」が刊行されました。さらに島の拡大に伴う2018年7月の航空機による調査に基づき、2019年5月31日には海図が改版され、領海と排他的経済水域を合わせた面積は2013年の噴火前より約100 km^{2}拡大しました。

西之島は海洋法条約発効以降、我が国で初めての海底火山の活動による島の形成であり、自然現象によるケースとして初めて領海・排他的経済水域から成る管轄海域が拡大されたのです。海域の離島がいかに重要であり、海図の役割の重要性が再認識されました。

（2）延長される大陸棚

大陸棚延長に関する我が国の取り組みはコラム8で述べますが、2014年には国連の「大陸棚限界委員会」から、我が国の国土面積の約80%の31万km^{2}に相当する「四国海盆海域」、「小笠原海台」、「南硫黄島海域」、「沖大東海嶺南方海域」の4海域の延長を認める勧告が出されました（図3-23）。このうち「四国海盆海域」、「沖大東海嶺南方海域」は、2014年10月に政令で延長大陸棚として設定されました。「小笠原海台海域」、「南硫黄島海域」は外国との調整が必要であり、「九州・パラオ海嶺南部海域」は次節で述べますが、勧告が先送りされています。

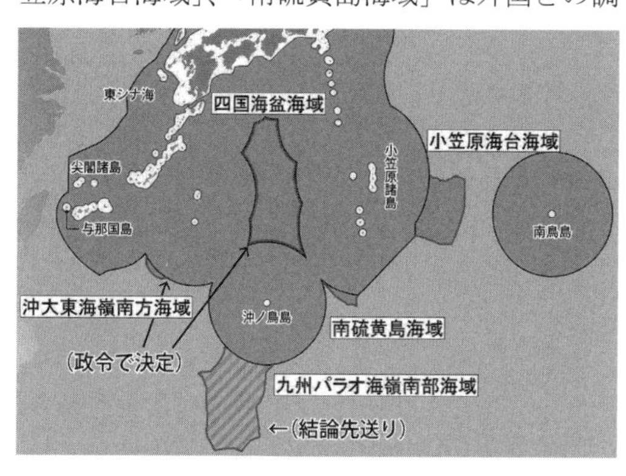

図3-23 国連から勧告された延長大陸棚
（海上保安新聞2014による）

図3-24 日本近海の海底資源分布
（浦辺2011による、口絵21参照）

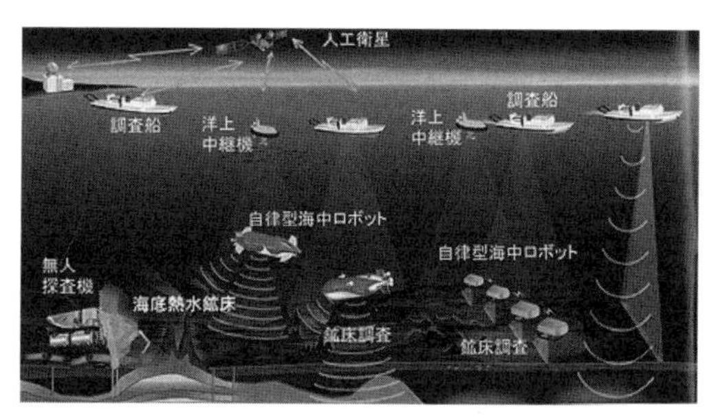

図3-25 海のジパング計画
（浦辺2011による）

（3）資源大国も夢ではない－日本の海－

ところで「日本の海」とはどこを指すのでしょうか？「その国の海」といった場合、その国の主権と主権的権利が及ぶ海域を指し、領海と排他的経済水域がこれに当たります。さらに、海底だけに限られますが、延長大陸棚も含まれ、図3-21に示される領海、排他的経済水域、延長大陸棚が「**日本の海**」といえます。

以上のように拡大された「日本の海」の海底には、メタンハイドレート、マンガンクラスト、海底熱水鉱床、レアアース泥など豊富な天然資源が眠っているといわれています（図3-24）。広い海やこれらの資源は大いなる可能性を秘めており、2014年に政府に創設された戦略的イノベーション創造プログラムの一つとしての海のジパング計画（図3-25）が進められています。これは海洋鉱物資源を低コスト・高効率で調査する技術の研究開発を国主導で行う計画です。恩恵を受けるのは子孫の時代になるかもしれませんが、「日本の海」はすごいのです。

（4）国際的視野と国際協力の必要性

以上、我が国の排他的経済水域の権利を中心に述べましたが、これを正しく認識するとともに国際的視点も必要です。諸外国では生物保護に関し、海洋保護区の設定などの動きもあります。第３節では、南・西太平洋の排他的経済水域の状況について述べましが、広大な海域の管理・保全などの分野などで太平洋の小島嶼国との連携・協力関係の構築は重要です。

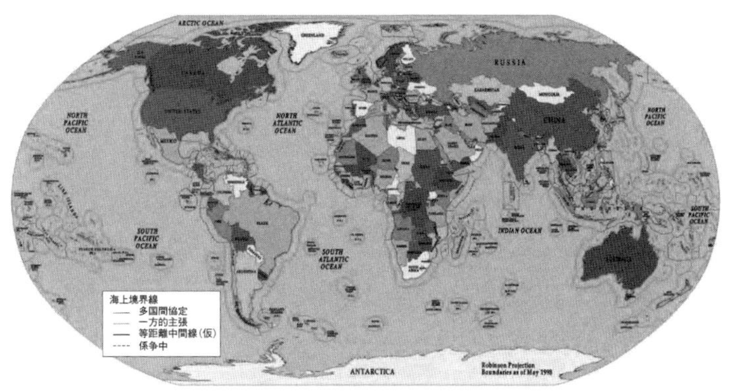

図 3-26　世界の海上境界線
（The Global Maritime　Data base, courtesy of General Dynamics による）

8. 世界の海の境界線の現状

（1）世界の境界線の現状

図 3-26 に 2005 年の海洋白書[5]に掲載された世界の海上境界線を示しました。この図から世界の海の約４割強はいずれかの国の排他的経済水域に該当し、公海は６割弱に過ぎないことが分かります。とくに日本とオーストラリアの間の海域のほとんどが小島嶼国の排他的経済水域で覆われています。図では、境界線を多国間協定、一方的主張、等距離中間線（仮）、係争中に分類しています。北海沿岸（ドイツ・オランダ・デンマークなど）、英・仏、英・スペイン、米国・ロシアなど国際司法裁判所判決や協定に基づき境界線が画定しているものがある一方、排他的経済水域のかなりの部分はほかの国のそれと重複し、境界が未画定の海域が少なくありません。

境界は各国の主権や海洋権益が絡む問題ですが、境界線画定の基になる大縮尺海図の未整備や海洋法条約そのもの（審議過程において成立させたい意向が強く、妥協の産物による表現のあいまいさや不完全さが残る）にも起因しています。

（2）日本周辺の境界線の現状

国連海洋法条約では、排他的経済水域、大陸棚が重複する場合は、関係国による合理的な期間内における話し合いによる解決を求め、画定された境界線の海図記載を規定しています。

日本の排他的経済水域は図 3-21 で分かるように、大平洋側の大部分は相対国がなく 200 海里の境界線を画定できますが、オホーツク海、日本海、東シナ海の画定には、ロシア、北朝鮮、韓国、中国、台湾、フィリピンとの合意が必要です。

① 東シナ海

東シナ海の境界線画定に必要な海域の大部分を占める日中両国の間で、排他的経済水域及び大陸棚について境界線の合意に至っていません。我が国は地理的中間線によりこれらの境界を画定すべきと主張しているのに対し、中国は中国大陸から自然延長の終点である沖縄トラフが大陸棚の境界であると主張しています。

中国は日中の地理的中間線付近に石油・ガス田を開発していますが、我が国は、地下構造上、中間線の日本側にも連続し、資源の吸い取りがあるとして抗議しています（図 3-27）。

また、2012 年には、中国及び韓国は「大陸棚限界委員会」に対し、沖縄トラフまでを自国の大陸棚とする大陸棚延長申請を行いました（図 3-28）。しかし、我が国は、東シナ海の大陸棚は 400 海里未満で、境界は両国間の合意に

図 3-27　東シナ海における中国の石油・ガス田開発図
（海洋政策研究所 2005 による）

図 3-28　東シナ海における中国・韓国による大陸棚延長申請図
（海保レポート 2017 による）

より画定すべきであると主張し、両国の申請については、審査前に必要な事前同意を与えておらず、同委員会は中国・韓国の審査の順番が来るまで判断を先送りしています。現在は審査の順番待ちです。

なお、尖閣諸島については、我が国は、日本固有の領土であることは、歴史的にも国際法上も明白であり、現に我が国はこれを有効に支配しています。したがって中国が自国領土と主張していますが、尖閣諸島をめぐって解決しなければならない領有権問題はそもそも存在しないとの立場です（外務省 HP）。尖閣諸島の領海（図 3-19）及び接続水域の面積はほぼ四国全域の面積の約 8 割にわたる広大なものですが、領海警備をしっかり実施し、有効支配していく必要があります。

② 日本海

日本海では境界画定に必要な関係各国とは合意に至っていません。日本海の南側の境界線に関しては、我が国と韓国の間で、竹島をめぐる領有権問題が存在し、日韓双方の主張する海域が重複しています。また、第 2 章で述べたように海底地形名称をめぐって日韓間で政治的な問題が発生しました。

③ 沖ノ鳥島周辺

日本は、第 7 節 (2) で述べたように 2008 年 11 月に「大陸棚限界委員会」に沖ノ鳥島を基点とする海域を含む 200 海里を超える延長大陸棚を申請（図 3-23、コラム 8 参照）しました。これに対し、中国及び韓国は、沖ノ鳥島は「岩」であり、排他的経済水域及び大陸棚は認められないと主張し、「大陸棚限界委員会」に同海域の審査を行わないよう申し入れました。同委員会は、沖ノ鳥島関連海域のうち「四国海盆海域」については延長を認めましたが、「九州・パラオ海嶺南部海域」については勧告を行わず先送りとしました。現在もこの状態が続いています。

9. 海図は海洋国家日本の礎（いしづえ）

以上のように、日本の海は夢が広がりますが、今後取り組むべき課題も少なくありません。

領海、排他的経済水域などの管轄海域は海図を根拠とし、これらの範囲は海図に表示しなければなりません。この点で海図は国の主権の根源を支え、まさに海洋国家の礎（いしづえ）ということができます。

一方、我が国での海洋権益への関心の高まりなどを背景として 2007 年には、我が国の海洋政策の一元的・総合的推進を目的とする**海洋基本法**が制定されました。この中では、海洋に関する施策を総合的かつ計画的に推進するため、内閣に総合海洋政策本部を設置すること及び「海洋基本計画」の策定が明記され、海洋に政府全体が一元的に取り組む体制などが構築されました。

引き続き2008年には、海洋領域を定める基点となる低潮線を確保するため、「**低潮線保全法**」（排他的経済水域及び大陸棚の保全及び利用促進のための低潮線の保全及び拠点施設の整備等に関する法律）が制定されました。これらの法律や法律に基づく計画などでは、海図が国の主権や海洋権益に重要な役割を果たしていることが広く認識され、海図に関する記述が多く含まれています。

2009年には「海洋管理のための離島の保全・管理のあり方に関する基本方針」が定められ、これに基づき南鳥島や沖ノ鳥島の港湾施設の整備などが進められています。この方針では、領海や排他的経済水域の外縁を根拠付ける無名の離島への名称付与や地図・海図への記載、国有財産登録を進めることが決められています。この基本方針に従い、海図への地名などの記載が順次進められています。これらについては第2章で述べました。

さらに2017年4月には「有人国境離島地域保全特別措置法」が成立しました。これは領海や排他的経済水域の基点となる住民がいる離島を守るための法律で、対象は利尻・礼文など29区域の148島で、これらの離島の人口減に歯止めをかけるため、地域経済の支援を図るための法律です。

以上のように海図は国の主権や海洋権益を支える重要な役割を担っており、領海の基点となる低潮高地などの測り残しがないよう、また領海基線を変化させる港湾工作物の情報収集など、海図の最新維持には細心の注意を払い、海図作製に的確に取り組んでいく必要があります。

【注】

1）目的地に直行する、沿岸国の平和や秩序などを害しない通航を意味し、漁業活動や徘徊（はいかい）などは無害通航とは認められません。

2）海図作製の標準化などを目的の一つとして各国の海図作製機関が加盟する国際機関で第4章参照。

3）領海の3海里は、1870（明治3）年に太政官布告で定められ、12海里への拡大は、1997年の旧「領海法」制定時になされています。

4）中原（2015）によると、各国の海外領土分を含めた順位では日本は第8位になるという。

5）海洋政策研究所・海洋政策研究財団が毎年1回発行しています。

【参考文献】

・中原裕幸（2015）「わが国200海里水域面積447万km^{2}の世界ランキングの検証－世界6位、ただし各国の海外領土分を含めた順位では8位－」日本海洋政策学会誌5。

・海洋政策研究所（2005）『海洋白書2005』。

・海洋政策研究所（2006）『海洋白書2006』。

・海洋政策研究財団（2015）『海洋白書2015』。

・浦辺徹郎（2011）「海底熱水鉱床に眠るレアメタルがものづくり大国・日本の未来を握る」『海の大国ニッポン』東京大学海洋アライアンス編、小学館。

・海上保安庁（2017）『海上保安レポート2017』。

・八島邦夫（2018）「国連海洋法条約に基づく新たな海の秩序と国際的動向」月刊地理63-3、古今書院。

・東京大学海洋アライアンス編（2011）『海の大国ニッポン』小学館。

・海洋政策研究財団（2007）『海洋問題入門－海洋の総合的管理を学ぶ－』丸善。

コラム 6：本州と北海道をつなぐ海の道ー津軽海峡西口の地形ー

1. 公海下の海底トンネルの法的地位は？

津軽海峡は、本州と北海道の間の東西の長さ約 100 km、南北の最も狭い部分の幅、約 20 km の太平洋と日本海を結ぶ海峡です。海峡西口の津軽半島の竜飛（たっぴ）埼と渡島半島の白神岬の間の水深 140 m の海底下、約 100 m の部分を本州と北海道を結ぶ青函トンネル（海底部分 23.3 km）が建設され、2016 年 3 月から北海道新幹線が通り抜けています。

第 3 章の第 6 節（2）では、津軽海峡では領海の幅は当分の間、3 海里に設定されており、海峡中央部は公海となっていることを述べました。では公海の下のトンネルは法的にどうなるのでしょうか？　国際的に沿岸国はその領域から大陸棚の地下を通ってトンネルを掘削する権利を持ち、海底の地下は領海の範囲を超えた公海の部分でも沿岸国の管轄権に属します。国内法上、各地方自治体の管理上の配分が問題となるだけで、青森県と北海道は、1987 年に両側の海岸から等距離中間線真下のトンネル内の地点を県境と決めています。英仏海峡トンネルのように 2 国間の領域を結ぶ場合は、公海の海底下のトンネル部分の領有権と管轄権が問題になりますが、英仏両国の合意により境界が定められています。

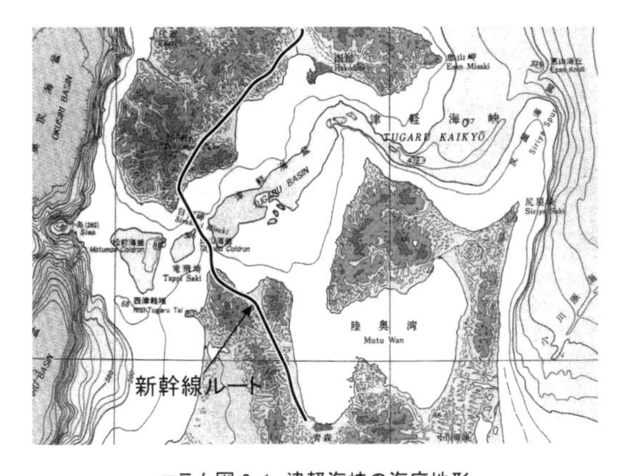

コラム図 6-1　津軽海峡の海底地形
（海の基本図 No.6011「北海道」縮尺 100 万分の 1 の一部を縮小）

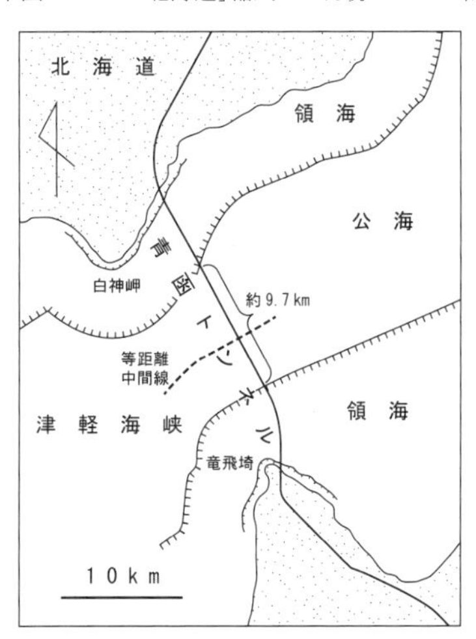

コラム図 6-2　津軽海峡西口の領海と公海

2. 詳細な津軽海峡西口の海底調査

トンネル工事は 1964 年に始まり、鉄道開通は 1988 年までかかりましたが、工事に先立つ 1954 ～ 55 年に、海上保安庁水路部は当時の国鉄の依頼により、海峡西口の詳細な海底調査を実施しました。この調査結果は、工事の基礎資料のみならず、地学的に興味深い情報をもたらしました。

トンネルが通る直上の海底は、ここをお通り下さいといわんばかりの馬の背状の高まりが見られますが、その両側には瀬戸内海で多く見られる海釜と呼ばれる深い釜状の地形（松前海釜・水深 450 m、田山海釜・同 326 m）が見られます。

3. 津軽海峡西口は日本列島最後の陸橋？

北海道大学の故湊正雄氏は、今から 2 ～ 1.8 万年前の最終氷期の最も寒い時期には海面は水深 140 m に低下し、トンネル直上の馬の背状の高まりは本州と北海道をつなぐ日本列島最後の陸橋（海面が低下した時、島々や大陸を結ぶように出現する陸地）と考えました。この考えは広く学会に支持され定説となりました。

その後、今から2～1万年前には海流は、現在とは逆に寒流の親潮が太平洋から日本海に西向きに流れ、日本海はこの時期を含め第四紀（現在から約260万年前まで）を通じて完全に閉じたことはないという報告が出されています。

日本海は、周囲をアジア大陸と日本列島などに囲まれた最深水深3,796 m、平均水深1,350 m、面積約130万 km^2 の盆状の閉じた海です（口絵10参照）。海峡の水深は、間宮・関門海峡が20 m未満、宗谷海峡が50～60 m、対馬・津軽の両海峡の水深は130～140 mです。間宮・関門、宗谷海峡は、第四紀の氷期の時代には陸地となり、北海道が大陸と陸続きだったことは間違いありません。一方、津軽・対馬海峡は最終氷期に陸地となったかどうかは微妙です。

津軽海峡には本州と北海道の間の生物地理区界として、ブラキストン線が引かれています。最終氷期に北海道に南下してきた北方系のマンモスゾウやナキウサギは、津軽海峡をこえることはできませんでした。この時期の津軽海峡は陸橋は形成されず、狭い海峡だったのでしょうか。しかし同じ北方系でもヘラジカやヒグマの化石は本州からも発見されています。これらの動物は氷結した氷橋を渡ったのでしょうか、あるいは最終氷期より前のさらに海面が下がり陸橋ができた時に海峡を渡ったのでしょうか？いずれの時期にせよ、動物はこのトンネル直上の海底を渡ったことは疑いありません。津軽海峡西口の海底は、現在も氷河時代も本州と北海道をつなぐ重要な道なのです。

【参考文献】

・湊　正雄（1966）「日本列島の最後の陸橋」地球科学85・86。
・八島邦夫・宮内崇裕（1990）「津軽陸橋問題と第四紀地殻変動」第四紀研究29-3。

コラム7：日本の海を拡大する西之島噴火と海域火山

1. 西之島火山の噴火と領海などの拡大

西之島は東京の南約1,000 kmにある小笠原諸島の父島の西約130 km位置する無人島です。1902（明治37）年刊行の海図No.73「南方諸島」には西島と記され、1702年に島を発見したスペイン艦が命名した「ロザリオ島」や1801年に発見した英艦が命名した「失望の島（Disappointed Island）」の名称も併記されています。

1973～1974年に有史以来初めての噴火が確認されました。2013年11月には約40年ぶりに西之島南方の海底から噴火が始まり、新島が誕生しました。当初は水蒸気爆発でしたが、火口から溶岩を流して拡大を続け、従来の西之島と接続し、のみこんだ後も拡大を続け、2016年6月には噴火前の面積の約12倍の2.7 km^2 に拡大しました（コラム写真7-1）。この面積は世界第2の小国モナコ公国（第2章コラム4参照）を超えています。島弧－海溝系の火山で活発な火山噴火が7年以上も継続することは珍しく、領海や排他的経済水域の面積が約100 km^2

コラム写真7-1　2015年5月20日の西之島
（海上保安庁撮影）

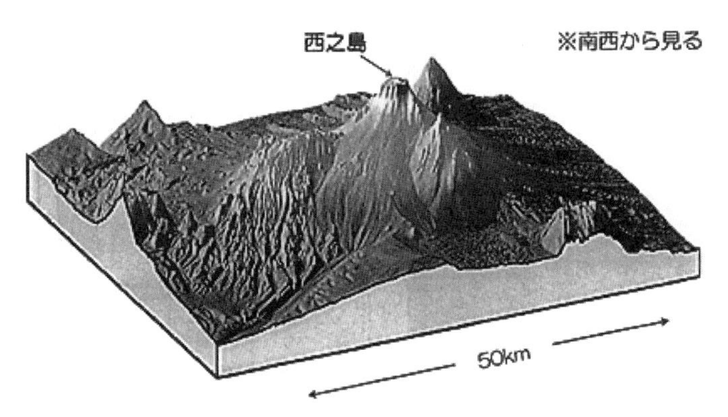

コラム図 7-1 西之島周辺の 3D 画像
（海上保安庁海洋情報部による）

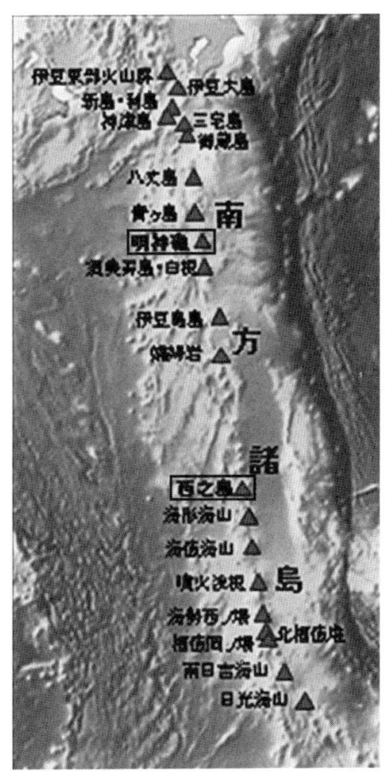

コラム図 7-2 伊豆半島～硫黄島に至る火山列
（海上保安庁海洋情報部による）

拡大しました。

日本には現在 110 の活火山があり、約 3 割は海域火山であり、一つは伊豆半島から硫黄島に続く海底山脈上にあり、もう一つは南西諸島に沿う二つの火山帯に集中しています。海域火山は新島の出現・消滅を繰り返しますが、我が国で観測された海域火山で島として生きているのは、南西諸島沿いの薩摩硫黄島と西之島のみであり、新島が継続するのはきわめて珍しいことなのです。噴火による島の形成・成長過程を知る良い教材となっています。

西之島は戦後では最大級のマグマの噴出がありましたが、周辺海底から見ると 4,000 m 級の火山でその頂部だけが頭を出し、比較的広い頂部には凹地があり（コラム図 7-1）、溶岩が埋めるのに好都合でした。

2. 明神礁海底火山の噴火

ところで皆さんは明神礁での遭難・殉職をご存じだろうか？ 1952 年の 9 月 24 日に我が国の海洋調査史上最大の悲劇が起こったのです。そこは青ヶ島から南へ約 50 km の地点にある明神礁付近（コラム図 7-2）においてでした。海底火山噴火の報告を受け、調査に赴いた海上保安庁水路部の測量船「第五海洋丸」（200 トン）が海底火山の大爆発に遭遇し、船もろとも沈没したのです。この船には、田山利三郎水路部測量課長を含む 31 名の乗組員、観測員が乗り込んでおり、尊い人命が失われました。南洋群島の珊瑚礁の研究で知られる田山博士は、我が国の海底地形学の草分けで、当時、東北大学教授と併任で水路部に勤務していたのです。

明神礁は、1869（明治 2）年に英国船が白波が立つ浅瀬として発見したのが最初です。それ以降 10 数回の火山活動が記録され、噴火、新島の出現・消滅を繰り返し、一時、島は長さ約 200 m、高さ数 10 m の大きさに達しました。1952（昭和 27）～ 1953 年の噴火は、記録上最も激しい活動の一つで、活動は 1 年間も断続的に続き、その都度、島の出現・消滅が繰り返されましたが、1953 年 9 月の大噴火により島は消滅し、それ以降、海面上に現れたことはないのです（コラム写真 7-2）。ちなみに明神礁の名前は、1952 年の大噴火を最初に見つけた静岡県焼津市の漁船「第十一明神丸」にちなんで命名されたものです。

海上保安庁はこの悲劇を教訓に、海底火山などの危険水域の調査に用いる無人調査艇「マン

コラム写真 7-2　明神礁の大爆発
（1952 年 9 月 23 日小坂丈予撮影）

コラム図 7-3　明神礁付近の 3D 画像
（海上保安庁海洋情報部による）

ボウ」を開発し、海底火山の調査を実施してきました。長年謎であった明神礁海底火山は 1998、1999 年の水路部の測量船「昭洋」（3,000 トン）、「明洋」（600 トン）及び 2 代目の無人調査艇「マンボウⅡ」を用いた調査で、海底地形の全貌が初めて明らかになりました。

従来、明神礁は複式火山の中央火口丘と考えられたこともありましたが、大きなカルデラ地形の外輪山上の高まりであることが明らかになったのです（コラム図 7-3）。

日本の排他的経済水域を支える離島の多くはかつての海域火山であり、海域火山は「日本の海」を支える大変重要な役割を果たしているのです。

【参考文献】
・森下泰成（2016）「西之島周辺海域の海洋調査」水路 177。
・八島邦夫（2015）「田山利三郎博士の経歴・業績および関係する海底地形・地形名」地図 53-2。

コラム 8：大陸棚延長への挑戦

1. 海上保安庁の長年にわたる地道な取り組み

海上保安庁（海洋情報部、当時は水路部）は、海洋法条約採択翌年の 1983 年から大陸棚延長のための調査を始め、2008 年まで 25 年の年月をかけて行いました。調査は測量船「拓洋」、「昭洋」（コラム写真 8-1）などにより、大変な労苦を要して行われ、これまでの調査距離は約 108 万 km に及びました（コラム図 8-1）。これは地球 27 周分に相当しますが、この調査により日本南方海域の詳細な海底地形や地質構造が明らかになりました（小原ほか 2015）。

2. 政府が一体となった我が国の取り組み

2003 年 12 月には、内閣官房に「大陸棚調査対策室」が設置され、政府が一体となって大陸棚調査に取り組む体制が構築されました。2004 年からは海洋調査に文部科学省（海洋研究開発機構、海底地殻構造調査を担当）、経済産業省（石油天然ガス・金属鉱物資源機構、海底

コラム写真 8-1　大陸棚調査に従事した測量船「昭洋」
（3000 トン）

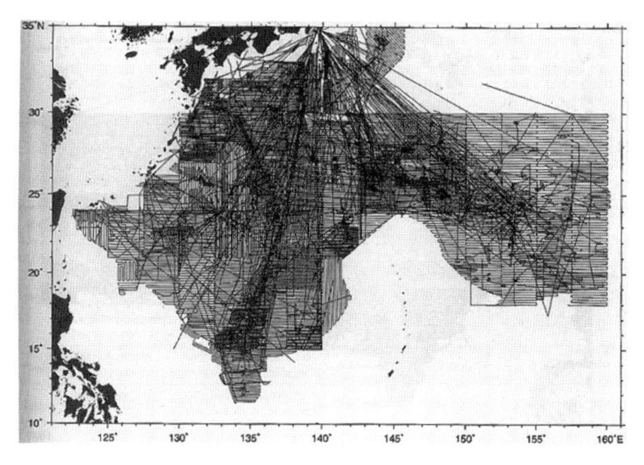

コラム図 8-1　大陸棚延長申請で用いられたマルチナロービーム測深の測線
（岸本ほか 2015 による）

ボーリングを担当）も加わり集中的な調査を計画的に実施するとともに、海上保安庁を含む関係省庁の専門家から成るチームが、国連への申請に向けた作業を開始しました。そして、我が国が申請する「延長大陸棚の限界」が 2008 年 10 月に内閣の「総合海洋政策本部（本部長は内閣総理大臣）」で決定され、翌 11 月に国連の「大陸棚限界委員会」に 13 番目の申請国として、日本の大陸棚延長の資料が提出されました。その面積は国土面積の約 1.7 倍に当たる 7 海域、74 万 km^2 でした。

3. 200 海里を超えて延長される日本の大陸棚

国連の「大陸棚限界委員会」は、2009 年 9 月に日本の申請を審査する小委員会を設置し、2012 年 4 月に日本が延長申請していた約 74 万 km^2 のうち、国土面積の約 82 %に当たる 31 万 km^2 の四つの海域の大陸棚の延長を認める勧告を発出しました。

これによって我が国は 200 海里を超えて延長が認められた大陸棚における資源開発が可能となり、海上保安庁が長期にわたり地道に実施してきた大陸棚調査が結実したのです。そして政府は 2013 年 11 月に、我が国初の延長大陸棚として「四国海盆海域」と「沖大東海嶺南方海域」の 2 カ所について、大陸棚の範囲を定める政令を制定しました。この結果は、我が国の海洋権益の拡充に向けた重要な一歩となります。

一方、「小笠原海台海域」及び「南硫黄島海域」については関係国との調整を進め、勧告が先送りされた「九州・パラオ海嶺南部海域」については勧告が早期に行われることが望まれます。

【参考文献】

・岸本清行・吉田剛・小原泰彦・湯浅真人（2015）「海洋底地球科学における精密海底地形情報の役割」地学雑誌 124-5。
・小原泰彦・加藤幸弘・吉田　剛・西村　昭（2015）「大陸棚調査が明らかにした日本南方海域の地球科学的特徴」地学雑誌 124-5。

コラム9：広い海を守る要衝「沖ノ鳥島」

1. 沖ノ鳥島の位置と地形

沖ノ鳥島は東京から南へ約 1,700 km にある東西約 4.5 km、南北 1.7 km 外周約 11 km の細長いナスのような形をした珊瑚礁から成る島です。16 世紀にスペイン船によってはじめて存在が確認され、現在は東京都小笠原村に属します。沖ノ鳥島は九州・パラオ海嶺という海底の大山脈上にあり、深さ 5,000 m の海底からそそり立つ海山の頂上部分に当たります。

コラム図 9-1 は海図 W49「小笠原諸島諸分図」の中の縮尺 2 万 5 千分の 1 の沖ノ鳥島の海図で、東小島、北小島の二つの小島と観測施設と灯台、礁内の水深(最大水深 5 m)が表示されています。

2. 海洋法条約上の「島」の規定と我が国の対応

第 3 章の第 7 節 (2) で、沖ノ鳥島を基点とする海域を含む我が国の大陸棚の延長申請について述べました。これに対し、中国及び韓国は、沖ノ鳥島は「岩」であり、排他的経済水域及び大陸棚は認められないと主張し、「大陸棚限界委員会」は、「四国海盆海域」について延長を認める一方、「九州・パラオ海嶺南部海域」については勧告を先送りしたことを述べました。

国連海洋法条約では「島とは、自然に形成された陸地であって、水に囲まれ、高潮時においても水面上にあるものをいう」と定義されており、このような島は領海、接続水域、排他的経済水域及び大陸棚を有することが定められています。一方、同条第 3 項において「人間の居住又は独自の経済的生活を維持することのできない「岩」は、排他的経済水域又は大陸棚を有しない」と規定しています。

沖ノ鳥島の東小島、北小島の二つの島は国連海洋法上の「島」たらしめる法的根拠と位置付けられるもので、「島」の根拠の保全は極めて重要です。この島がなくなると日本の国土面積より広い約 41 万 km^2 の排他的経済水域を失うことになります。このため、政府は島を波の侵食から守るため、1988 年以来二つの島の周囲をコンクリートで固め、上部をチタン製の頑丈なネットで覆うなどの工事を実施しました。さらに灯台、海洋観測ステーションの建設、港湾設備の整備（コラム写真 9-1）などを進め、さらに、現在、自然のプロセスに少し人間が力を貸すことによって、沖ノ鳥島を再生させる計画も進行中です。

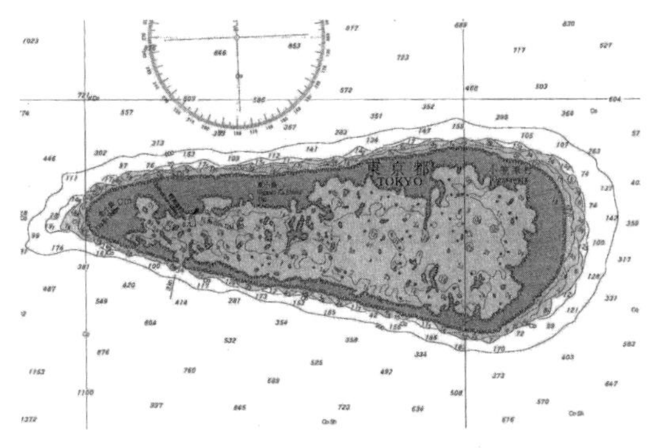

コラム図 9-1　海図 W49「小笠原諸島諸分図」分図「沖ノ鳥島」
（縮尺 2 万 5 千分の 1 の一部を縮小）

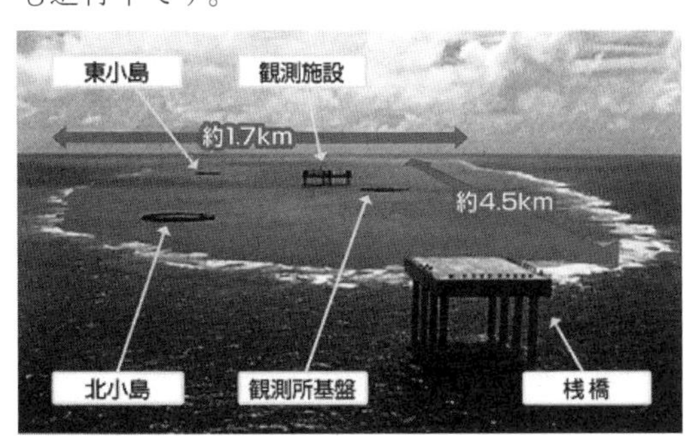

コラム写真 9-1　沖ノ鳥島の島と施設
（東京都 2016 による）

第4章　海図を深く知る

1. はじめに

日本は四面を海に囲まれた海洋国家です。日本全国を表現するのに全国津々浦々というように海を冠して表現したり、「船頭多くして船、山に登る」「大船に乗ったよう」など海に関する俚諺(りげん)は少なくありません。また、「海図なき日本丸の行方」などの見出しも新聞などにしばしば登場します。これは航海にとり、海図は必要不可欠な重要指針であることを用いた比喩表現です。

また、海図には航海の安全を支える役割に加え、第3章で述べたように領海の表示など国家主権を支える重要な役割が加わりました。

第1章では航海用海図としての特徴的な性質、第2章では海図の地名の特色、第3章では海図の国家主権を支える役割などについて述べました。

本章では海図をさらに深く知る観点から、海図作製の歴史、内外の海図作製の動向、海図の構成、海図の将来展望などについて述べます。

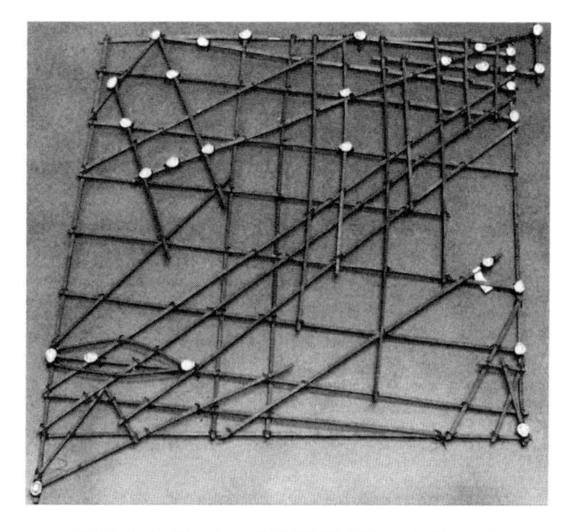

写真 4-1　マーシャル群島のスティックチャート
(海上保安庁海洋情報部所蔵)

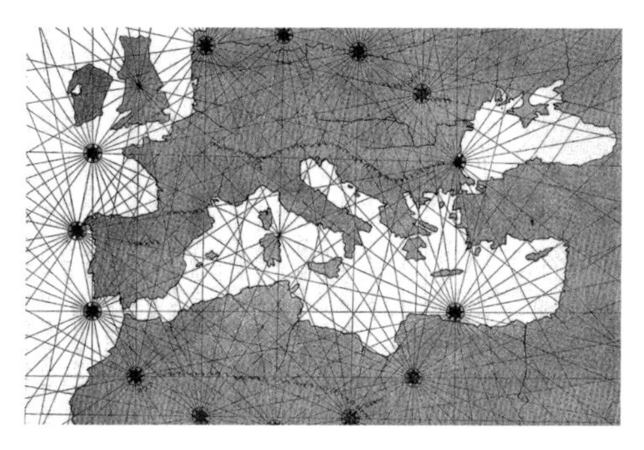

写真 4-2　ポルトラノ

2. 海図作製の歴史

海の地図の起源は定かではありませんが、よく引き合いに出されるものにマーシャル群島のスティックチャートがあります。これは貝がらとヤシの枝で作ったもので、**海上保安庁海洋情報部**の海洋情報資料館に展示してあります（写真4-1)。これは、マーシャル群島の住民が19世紀の中頃まで実際に使用していたもので、貝殻は島、長いスティックは島に至る方向などを示しているのではないかと考えられています。

このように、人間と海との係り合いは海を航海の場、漁労の場として利用したことに始まると思われますが、航海への海の地図の本格的利用は、14世紀になってからです。航海計器としての羅針盤が考案され、ヨーロッパで「ポルトラノ」（写真4-2)、「ピサ図」などの地図が出現しました。この図では、方位盤（コンパスローズ）から多数の方位線が複雑に描かれています。

現在の地図のように経度や緯度が記入された近代的な地図の作製は、16世紀半ば以降のメルカトル図法が登場してからです。この図法では経線、緯線が直交し、目的地までの船の舵角(だかく)を海図上から容易に読み取ることができます。

図4-1は、1872（明治5）年に我が国で最初に刊行された海図「陸中国釜石港之図」で、図中には、多数の水深が記載されています。この時代になると動力船の出現により、船の喫水が大きくなり、方位とともに水深が航海にとり重要な要素になってきたことを示しています。

図 4-1　我が国の第一号海図「陸中国釜石港之図」1872（明治 5）年刊行（縮尺約 3 万 6 千分の 1 の一部を縮小）

このように海の地図は、航海用の海図として生まれて発展し、世界各国で**水路部**（Hydrographic Office）などと呼ばれる国家機関によって作製されています。

近年では、海は航海や漁業の場にとどまらす、資源やエネルギーの利用、マリンレジャーやウォーターフロント開発などスペース活用の場として、さらに地球環境問題や地震・津波など防災などの観点からも注目され、いろいろな海の地図が作成されるようになってきました。

近代的な地図の作製過程において、陸では、国土地理院発行の 5 万分の 1 の地形図など**一般図**から整備が始まり、土地利用図などの**主題図**へと進んできました。これに対し、海では航海を目的とする主題図としての海図から整備が始まり、海の利用が多様化するにつれ、一般図である海底地形図が作製されるようになってきました。海上保安庁海洋情報部（当時は水路部）は、1968 年から海底の地形、地質構造、地磁気、重力を総合的に調査し、**「海の基本図」**として刊行を始めました。海の基本図は従来の海図とは調査方法や記載内容などを一新した新しいカテゴリーの地図です。

3. 内外の海図作製の動向

(1) 我が国の状況

我が国で海図を刊行しているのは**海上保安庁**（海洋情報部）で、その歴史は明治初期に遡ります。江戸時代末期になると欧米列強は我が国沿岸の測量を行い、海図を作製していました。とくに英国は多くの海図を刊行し、江戸幕府から提供された伊能図を用いて日本沿岸の英国海図を改訂し、世界中に日本の正しい形・位置を伝えました（コラム 10 参照）。

発足間もない明治政府は、国防などの観点から独自に海図を作製する必要性を痛感し、1871（明治 4）年に兵部省海軍部内に水路局を設立しました。これは、フランス、英国、スペインなどに続く世界でも早い段階の水路部の創設でした。初代水路部長の柳楢悦（やなぎならよし）（コラム 11 参照）は前述の釜石港を第 1 号海図とし、精力的に日本沿岸の測量、海図作製を推進し、明治の中頃〜末期までに日本沿岸全体の海図を完成させました。

第 2 次世界大戦の戦時体制下では、水路部の職員数は軍属などを含め 5,000 名を超え、測量艦「大和」、「満州」、「駒橋」「宗谷」などに加え「第一〜第六海洋」などの観測船を所有し、海図の刊行総数は約 4,000 版、印刷枚数 400 万枚に達しました。

終戦により海軍は解体となりましが、水路業務は、海運、海洋の利用・開発などに必要であり、運輸省水路部として存続しました。1948（昭和 23）年の海上保安庁（運輸省所属で、現在は国土交通省所属）の発足に伴い海上保安庁の一部局となり、2002 年 4 月に名称を海洋情報部に変更しました。

表 4-1 には、海上保安庁の海図の種類と刊行版数を示しましたが、紙の海図の刊行数約 780 版、特殊図約 90 版、海の基本図約 460 版、電子海図約 790 セル、総計約 1,300 版を刊行する世界でも有数の水路機関です。

表 4-1 海上保安庁刊行の海図の種類
（平成 30 年末現在、海上保安庁レポート 2019 による）

種　類		刊行版数
航海用海図	紙海図	781
	電子海図	787
海の基本図	沿岸の海の基本図	412
	大陸棚の海の基本図	45
	その他の海の基本図	7
特殊図	海流図、潮流図、定置漁具一覧図、海図図式その他	90

表 4-2 主な国の海図の刊行状況

国名	刊行機関	所属	主な刊行区域
日本	海上保安庁	国土交通省	北西太平洋ほか
米国	海洋大気庁	商務省	自国沿岸
	国家地理空間情報庁	国防省	自国沿岸を除く全世界
英国	英国水路部	国防省	全世界
ロシア	海軍航海海洋総局	国防省	全世界
中国	中国海事局	交通運輸省	自国港湾・航路
	中国航海図書出版社	人民解放軍海軍司令部航海保証部	自国沿岸
韓国	国立海洋調査院	海洋水産省	自国沿岸

海図の刊行区域は、日本周辺を中心に北西太平洋に及び日本の貿易量の 99.7 %（トン数ベース）を占める海上貿易を航海の安全面から支えています。

（2）外国の状況

前述のように海図は、世界各国で水路部などと呼ばれる国家機関により作製され、その所属は国防省（海軍）、商務省、運輸省、環境省など国により異なっています。多くの国の海図の刊行区域は自国沿岸ですが、英国、米国は全世界の海図を刊行し（表 4-2）、とくに七つの海に雄飛した伝統を持つ英国の刊行版数は、世界最大を誇る 3,400 版で、現在も海図の分野では世界の主導的な役割を果たしています。

（3）国際機関の状況

海洋における諸活動は国際的であり、海図に関しては二つの国際機関がこれに関与しています。一つは**国際水路機関**（IHO : International Hydrographic Organization の略称）です。「隅田の水はテームズに通ず」のとおり、海は世界とつながっており、船は自国の港だけでなく外国の港にも出入りします。このため､海図の作製仕様、海の名称などが異なっていることは不便であり、これらの海図作製仕様、海図図式の標準化の推進を主な任務とし、国際水路機関条約に基づき設立され、2018 年 2 月現在 88 カ国が加盟し、事務局はモナコ公国に置かれています（写真 4-3）。

もう一つは**国際海事機関**（IMO: International Maritime Organization の略称）で、主として海上における船舶の安全確保及び海洋環境の保護のための政府間協議、協力を促進することを目的として 1948 年に設立された国連の専門機関の一つで、事務局はロンドンに置かれています（写真 4-4）。

写真 4-3 モナコ公国にある国際水路機関（IHO）

写真 4-4 ロンドンにある国際海事機関（IMO）

4. 海図の構成

一口に海図といっても、狭義に使われる場合と広義に使われる場合があり、前者の場合は、航海用海図そのものを指し、後者の場合には、航海用海図に加え、海の基本図、海底地形図、海流図など広く海の地図一般を指します。前者の場合が一般的で、本論ではこの意味で用いており、単に海図と記しています。

狭義の場合の海図は、航海の道しるべとなる海のロードマップであり、**国際海上人命安全条約**（SOLAS条約）[1]では海図は、「海上の航海を目的として特別に作製される地図またはその基となるデータベースで、政府機関、オーソライズされた水路部などにより、公式に刊行されたもの」と定義されています。

記載内容は、航海に必要な水深、底質、灯台や浮標（ブイ）などの航路標識、陸上のタワー、山の頂上など航海上の著目標などで、航海を目的とするオーダーメードの地図ならではの特徴があります。なお、底質とは海底を構成する物質で、泥、砂、礫、岩などがあり、とくに船が錨を降ろす際に必要な情報です。

（1）海図の分類

海図は使用する目的によって、港泊図（入港・停泊に使用、5万分の1より大縮尺）、海岸図（沿岸航海に使用、5万分の1より小縮尺）、航海図（陸地を見ながら航海する際に使用、30万分の1より小縮尺）、航洋図（長途の航海に使用、100万分の1より小縮尺）、総図（航海計画の策定に使用 、400万分の1より小縮尺）に分けられます。図4-2、図4-3、図4-4には、東京港から外洋に向かう際に使用する海図を順番に示しました。

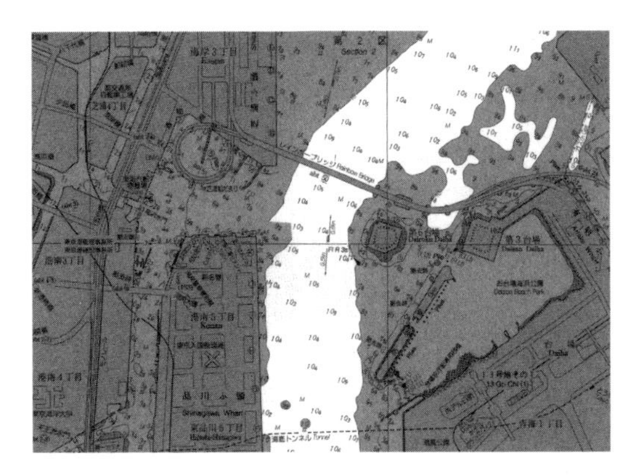

図4-2　海図W1065「京浜港東京」
（縮尺1万5千分の1の一部を縮小、港泊図の例、口絵3参照）

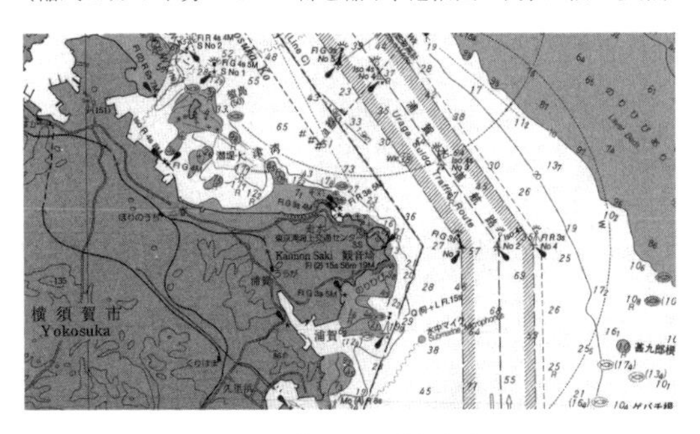

図4-3　海図W90「東京湾」
（縮尺10万分の1の一部を縮小、海岸図の例、口絵4参照）

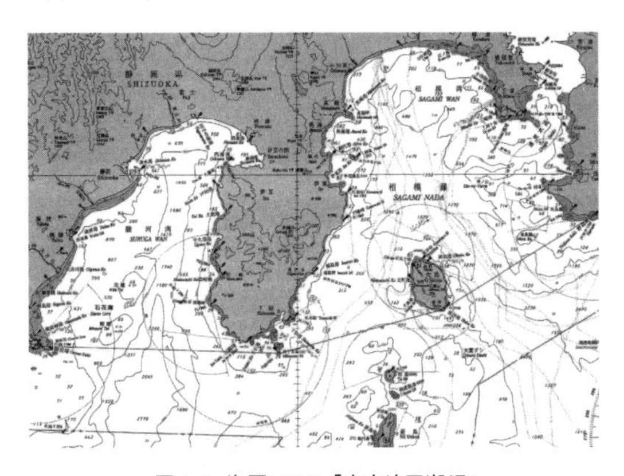

図4-4　海図W61B「東京湾至潮岬」
（縮尺50万分の1の一部を縮小、航海図の例、口絵5参照）

（2）海図の刊行区域・包含区域

図4-5は書誌900号「水路図誌目録」に記載されている日本海図の索引図です。日本海図の刊行区域は、日本周辺を中心に北西太平洋におよび、その刊行総数は約780版です。

当然のことながら日本周辺では、大小さまざまの縮尺の海図が多数刊行されていますが、図4-6a、bには、伊勢湾・遠州灘付近の海図と国土地理院発行5万分の1地形図の索引図を示しました。陸の地形図では図郭が碁盤の目のように区切られ規則的ですが、海図では種々の縮尺が一見雑然としているように見えます。海上交通が盛んな伊勢湾内の名古屋港、四日市港、豊橋港の港湾区域や伊良湖水道の入り口などでは大縮尺の海図が刊行されている一方、遠州灘沿

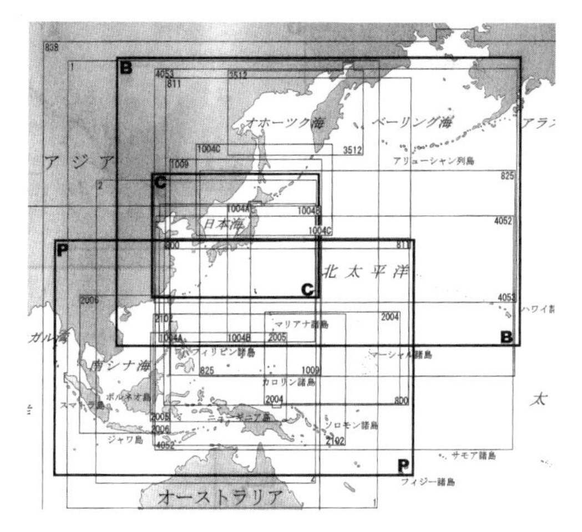

図 4-5 日本の海図の刊行区域
（書誌第 900 号水路図誌目録による）

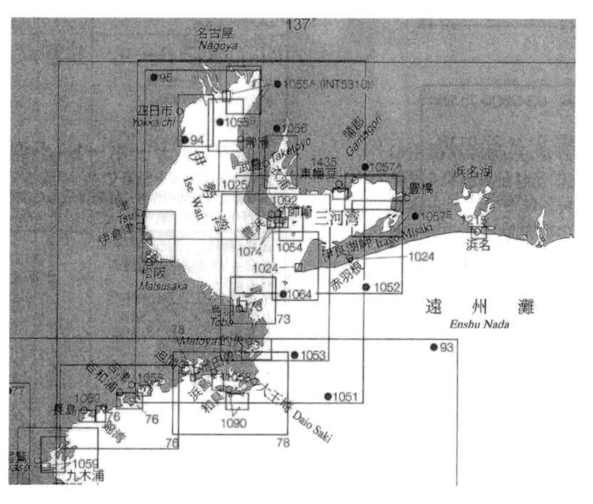

図 4-6a 伊勢湾・遠州灘付近の海図索引図
（一財日本水路協会による）

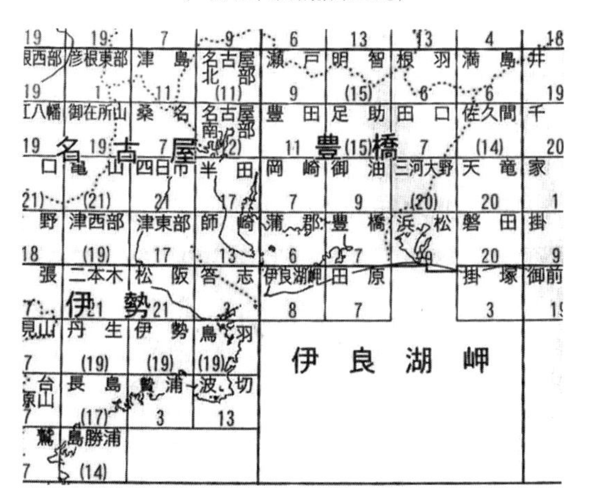

図 4-6b 伊勢湾・遠州灘付近の 5 万分の 1 地形図索引図
（一財日本地図センターによる）

岸など港湾区域以外の海域では、必要最小限の小縮尺の海図のみが刊行されていることが分ります。そして隣接する海図の包含区域は、お互いに重複しています。これは海図を次から次へ変えていく際に位置の記入を容易にするため、共通の目標物などを隣接する海図に包含させているためです。

(3) 海図の図法・経緯度の基準

地球表面の位置関係を平面に表す方法を、**地図投影法**または図法といいます。地図投影を論ずる際には、まずその基本となる地球の形状の概略を知る必要があります。地球の形は完全な球ではなく、ジオイドで表されますが、地図投影に当たっては、地球を回転（準拠）楕円体としてみなして計算を行います。

地球上の位置を緯度、経度で表すための基準を測地系といい、2002（平成 14）年までは日本測地系（Tokyo Datum）に基づいて海図の経緯度は表されていました。これは東京都港区麻布の経緯度原点を基準としてベッセル 1841 の準拠楕円体を用いて計算するものでした。現在は地球の地心を原点する世界測地系が用いられ、ここでは準拠楕円体は WGS-84 が用いられます。二つの測地系間のズレは日本周辺では最大 470 m もありましたが、現在は日本周辺の海図はすべて**世界測地系**に基づく経緯度で書き改められています。

海図の図法は、国際水路機関（IHO）の海図仕様により大縮尺図、高緯度地方など特別な目的を除き、メルカトル図法を使用すべきことが規定されています。**メルカトル図法**はオランダのメルカトルが 1569 年に創案した心射円筒図法で、地球上の角度と地図上の角度が同一になる（正角という）よう工夫され、海図上で測った角度がそのまま船の舵角となります。メルカトル図法の海図は羅針盤の発明とともに航海の発展に大きく貢献し、現在も航海に最適な図法として用いられています。

メルカトル図法は赤道における各経線の間隔はそのままとし、緯線は正角の条件を満たすよ

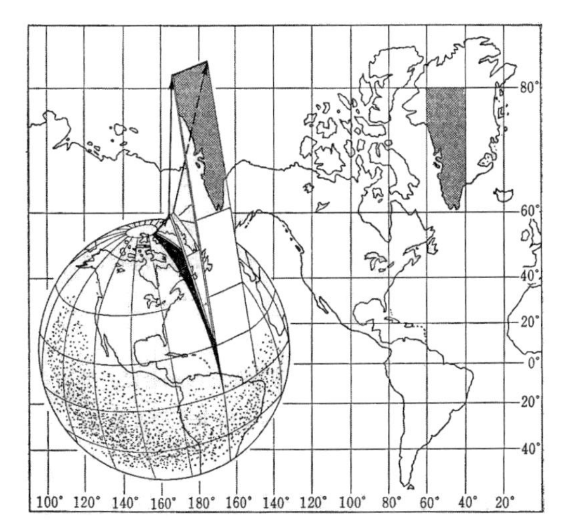

図 4-7 メルカトル図法の原理
(野村 1974 による)

うに赤道から各緯線までの長さ（緯線距離）を計算により決めます(図 4-7)。正角の条件とは、経線方向の距離のひずみと緯線方向の距離のひずみを等しくすることにより得られ、このようにすると図上各部のごく狭い区域の形状は常に相似に表わされ、したがって角が正しく表されることになります。メルカトル図法が海図に最適なのは正角図法であること、地球上の航程線（船が子午線となす角度を一定に保って進む時の航路線）が地図上に直線で表され、位置の記入が容易であることがあげられます。

ただし、海図上の2点を直線で結んだ線は最短コースである大圏を示さないこと（図 4-8)、高緯度ほど面積のひずみが大きいことが欠点としてあげられます。**海の基本図**には正角図法で、面積のひずみが小さいランベルト正角円錐図法（2 標準緯線）が用いられています。

(4) 海図の大きさ（図積、寸法）と海図用紙

海図は使用上、船での格納上及び印刷の便利さなどを考慮してその大きさが決められています。日本の海図は JIS の B 列本判（108.5 × 76.5 cm）が基本で、このサイズの海図を全紙海図といい、その半分の大きさの海図を 1/2 海図、さらにその半分の海図を 1/4 海図と決め統一しています。海図の図積は、その内輪郭線の縦横の長さをいい、その標準寸法は 96 × 63 cm です。

海図用紙は海上での厳しい気象・海象条件下で反復して船位を記入し、消しゴムが使用されるため、耐久性や伸縮性など厳しい条件が課され、陸の地形図などと比べ厚手で頑丈な特別仕様の用紙が使用されてます。

(5) 海図の縮尺

陸の地形図では縮尺は1万分の1、2万 5,000 分の1、5万分の1など一定です。海図もなるべく同一目的のものには同一縮尺で連続図とするのが便利であり、国際水路機関（IHO）も海図はできるだけ 1,000 あるいは 2,500 の倍数の縮尺分数を用いるべきと定めています。

しかし、海図の性質から必ずしも同一の縮尺で海図が作製されているわけではありません。つまり、ある港湾を一枚の海図に収めようとする場合や航海上重要なある岬からある岬まで、ある港から港までを1枚の海図に収めようとする場合などです。この場合、海図用紙の大きさは一定であり、縮尺により調節する必要が生じるからです。例えば横浜港の海図 W66「京浜港横浜」は縮尺 1:11,000、大阪港の海図 W150A「大阪湾」は、縮尺 1:80,000、広島港の海図 W142「広島湾」は縮尺 1:60,000、相模湾の海図 W92「三崎港至湘南港」は縮尺 1:35,000 などといった具合です。

海図は原則としてメルカトル図法で作製され、示されている縮尺は、緯度が何度における値であるか明記する必要があり、この緯度を基準緯度といいます。基準緯度は必ずしも図の中に包含されているわけではありません。日本付近では縮尺 10 万分の1より小縮尺の海図は、緯度 35 度（名古屋付近）を基準緯度として隣接図と連続性を持たせて作製（連続図という）してあります。10 万分の1より大縮尺の海図では、その図の真ん中付近の緯度（中分緯度という）を基準として作製されます。例えば海図 W80「野島埼至御前埼」は、縮尺 1:200,000 (Lat35°)、海図 W137A「備讃瀬戸東部」は、

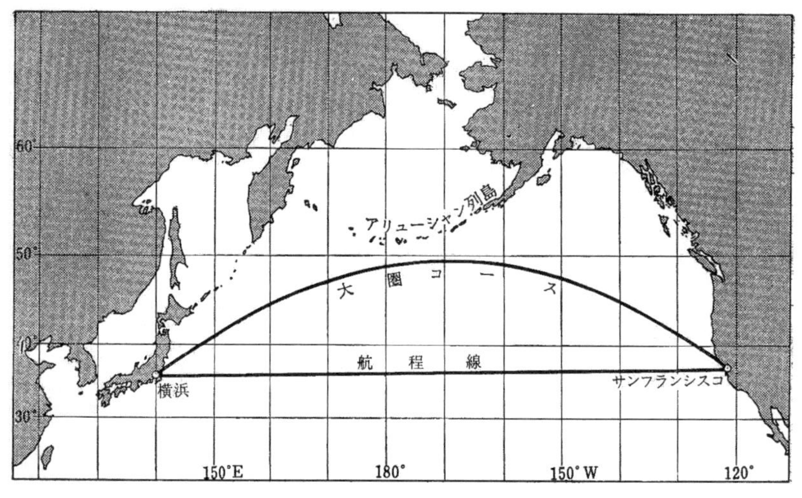

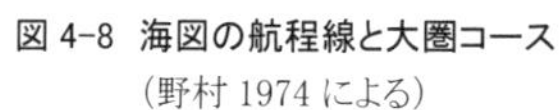

図 4-8　海図の航程線と大圏コース
（野村 1974 による）

図 4-9　デュアルバッジ
（日英二つの印章）

縮尺 1:45,000（Lat 34°25´）です。

（6）海図の番号・表題

海図の番号と表題は家の番地、表札に相当し、欠くことのできない項目です。熟練した航海者は海図番号でその図名や縮尺、包含区域が頭に浮かんでくるほど馴染みのあるものです。海図番号は基本的に地域別、縮尺別に割り当てられ原則としてこの基準に従って付与されています。

現在日本の海図には、日本語版と英語版があります。英語版は外国船の使用を意図して作製されていますが、日本語版と縮尺、包含区域を始め内容はすべて同一です。海図番号の前には日本語版には W、英語版には JP が付されます。W90「東京湾」、JP90「Tokyo Wan」といった具合です。海図の陸地の色は日本語版では灰色（グレイ）ですが、英語版は黄褐色（バフ）が用いられます。さらに日本語版の海図の印章は海上保安庁の印章のみですが、英語版は海上保安庁と英国水路部の共同刊行物として二つの印章（図 4-9）を付すデュアルバッジ海図として作製され、英国水路部の世界的海図販売網を通じて販売されます。

図 4-10 には海図 W1065「京浜港東京」の表題を示しましたが、地方名、図名、縮尺、水深・高さの単位、基準面、測地系、図法、資料の測量年・出所、潮汐などの海図の内容を代表する項目が分かりやすく的確に表現されています。

図 4-10　海図の表題例、W1065「京浜港東京」

図名は海図の分類、縮尺により異なりますが、港泊図では港名、海岸図、航海図では変針点となる航海上重要な岬などの地名を用いて図の内容が分かるようにしています。例えば「京浜港東京」、「野島埼至御前埼」などがその例です。

（7）海図の図式

海図の図式については、第 1 章で述べました。

（8）海図の地名

海図の地名の主な特色については第 2 章で述べました。

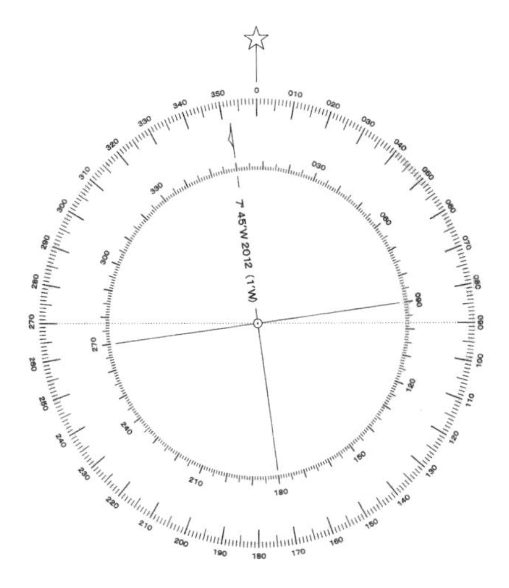

図4-11　コンパス図の例

(9) コンパス図、偏差及び年差、等偏差線

船の航海には角度が重要です。方位は図上の任意の2点を結ぶ直線と経線のなす角で、この方位は地軸を真北した方位で真方位といいます。磁気コンパスが示す方位は磁針方位といいます。磁針方位は場所によって異なり、真方位からのずれの角度は磁針偏差と呼ばれ、その大きさは時間とともに徐々に変化します。このため海図上にはコンパスローズと呼ばれる図を2～3個掲載し、その地の磁針偏差と1年間の変化量を年差として示しています（図4-11）。コンパス図の外側の目盛圏が真方位図、内側の目盛圏が磁針方位図を示し、内側の矢符7°45´W2012（1´W）は、2012年の磁針偏差は7°45´西偏し、毎年1´だけ西へずれることを意味します。なお縮尺100万分の1より大縮尺の海図にはこのようなコンパス図を記載しますが、縮尺100万分の1より小縮尺の海図では、包含区域が広いため等偏差線を記入して任意地点の偏差値が算定できるようにしています。

5. 海の基本図と海底地形図

近代的な地図の作製過程において、陸では、国土地理院発行の地形図など一般図から整備が始まり、土地利用図などの主題図へと進んできました。

一方、海では、航海を目的とする主題図としての海図として生まれ、世界各国で水路部といわれる機関によって作製、発展してきました。

しかし、海の利用が航海や漁業にとどまらず、資源やエネルギーの利用、マリンレジャーやウォーターフロント開発などスペース活用、さらに地球環境問題や地震・津波など防災などの観点からも注目され、種々の目的に使用される地図の必要性が高まってきました。このような状況下において、世界の海洋先進国は種々の目的に使用される海底地形図を作製するようになってきました。海でも多目的に使用され、種々の主題図のベースマップにもなる一般図は、陸と同じように海底地形を表す海底地形図です。

海上保安庁水路部は、1968（昭和43）年から海底地形図の作製を本格的に始めましたが、「海の基本図」の中の1図として始めました（表4-3）。ここでは海底地形図作製の目的、刊行状況、海図と比べての特徴について紹介します。

(1) 海の基本図

海洋開発、環境保全、学術研究など海洋で多目的に使用されることを目的として海上保安庁が刊行する海の地図シリーズです。表4-3のように沿岸、大陸棚、その他（大洋など）の海の基本図があり、沿岸の海の基本図は、海底地形図、海底地質構造図から、大陸棚の海の基本図は、海底地形図、海底地質構造図、地磁気全磁力図、重力異常図から構成されています。

(2) 海底地形図

図4-12a、bは同じ区域の海図と海底地形図です。海図では、航海者がその場所の水深を瞬時に知ることができるよう、水深を数字で表し、航海に危険な浅所は密に、平坦な海底や深所では粗く表現します。一方、海底地形図では、陸の地形図が高さを等高線で表現するように深さを等深線で表現し、100m、200 mなどの間隔で青色系統の段彩（地形を分かりやすくするために高度・深度帯ごとに色分けすること）を施し、地形の深浅を分かりやすく表現します。

表 4-3 海の基本図の概要（海上保安レポート 2019 ほかによる）

シリーズ名	縮尺	対象海域	種類
沿岸の海の基本図	1 万分の 1	特定の沿岸海域	海底地形図
	5 万分の 1	陸岸から 12 海里の沿岸海域	海底地質構造図
大陸棚の海の基本図	20 万分の 1	大陸棚 (水深 200m 前後) 及び大陸斜面ほか	海底地形図
	50 万分の 1		海底地質構造図
	100 万分の 1	200 海里排他的経済水域ほか	地磁気全磁力図 重力異常図
その他の海の基本図 （大洋の海の基本図ほか）	300 万分の 1、800 万分の 1	北西太平洋	海底地形図、地磁気異常図、 重力異常図、浮彫式海底地形図

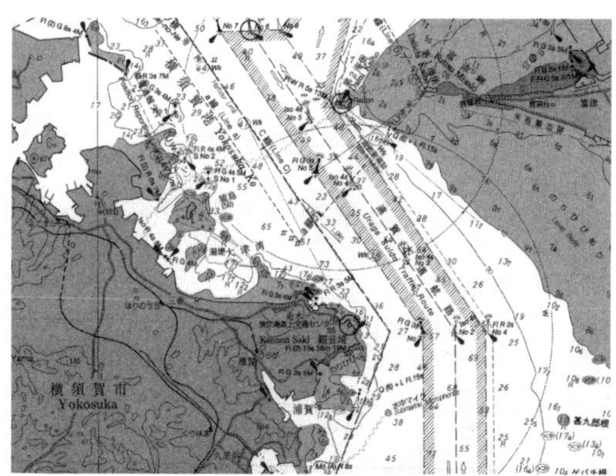

図 4-12a 海図 W1081「浦賀水道」
（縮尺 2 万 5 千分の 1 の一部を縮小）

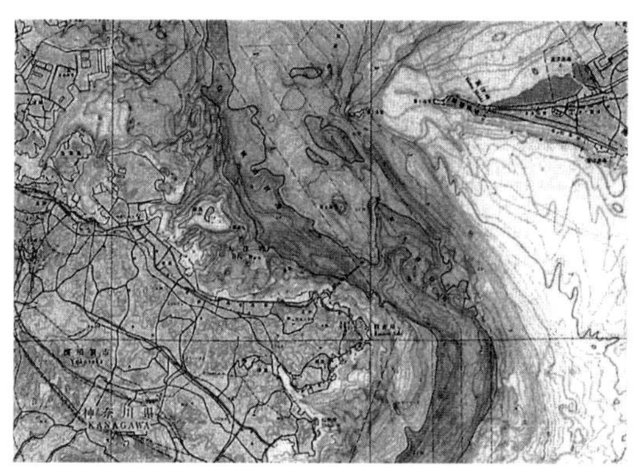

図 4-12b 海底地形図 6363-1「浦賀水道」
（縮尺 2 万 5 千分の 1 の一部を縮小）

海図でも、浅所では補助的に 2 m、5 m、20 m などの等深線を用いますが、等深線は同じ水深を囲むように沖側に描かれます。一方、海底地形図では等深線は同じ水深の上を通るように描かれます。海図は、航海の安全を考慮して、海底地形図は、海底を正しく表現するとの考えで地図を編集しているからです。

以上のことから海底地形の研究などでは、海底地形図を使用する方が望ましいのですが、海底地形図が刊行されていない海域や旧版海図を利用する場合は、この点に留意する必要があります。

6. 海図を読む－海図の学校教育への活用－

海図は航海用の主題図で、主たる利用者は航海者です。しかし、海図の沿岸域には自然的（海岸線、低潮線、水深、底質ほか）、社会的（港湾施設、航路標識、陸上の顕著な著目標、地名、漁礁、自然保護区域など）諸情報が多く記載されていて、沿岸域を含む海域の地理情報が多く記載されています。海図などの刊行状況は表 4-1 に示しましたが、日本沿岸を中心に海図、海の基本図、特殊図約 1,300 版が刊行されており、海図は縮尺を別にすれば日本全国沿岸をカバーしていますし、これに加えて明治初期以降の旧版海図があります。

太田（2003）は、これまでは「海図なき学校教育」でしたが、海図で学ぶ海の地理・地誌学を提言しています。こうした中で、少ない事例ながらも伊藤（2013、2017 ほか多数）、小関（2013）、三木（2013）などの学校教育での取り組み実践や今井（2013、2014 ほか多数）による海図の読み方についての解説例があります。学校教育への活用には海図の入手、利用すべき海図のサンプルや海図の読み方に関する参考書の整備など克服すべき課題が多い（卜部 2013）

のですが、これらを克服し、学校教育での活用が望まれます。巻頭の口絵には、海図、海底地形図、漁具定置箇所一覧図などの読み方に関する事例を載せています。

7. 旧版海図（古海図）などの歴史的資料の保存・公開

日本は、1871（明治4）年の水路部創設以来、140年以上にわたって日本沿岸や北西太平洋の海図を刊行し、刊行数は第2次大戦時に約4,000版に達しました。しかし、これらの海図などは重なる火災や関東大震災などの被災によりかなり散逸、損失しました。

最近、（一財）日本水路協会は日本財団の助成を受け、海洋情報部と共同で海洋情報部保有のみならず国会図書館、国立公文書館などを含め歴史的に貴重な明治初期から1945年までの海図などを精査、電子化し、それらを検索する「資料検索システム」を構築し、重要な資料の画像を閲覧できる海図アーカイブを完成させました。これらは東京都江東区青海にある海洋情報資料館および管区海上保安本部の「海の相談室」で検索、閲覧することができます。

旧版海図などの利用法には、海岸線の変遷、かつての日本沿岸の歴史的検証など様々な目的に活用できます。コラム13には東松島野蒜海岸の海岸線の変化をたどる活用例を示しました。

8. 海図・海洋情報の将来展望

（1）海図－紙地図から電子地図へ－

海においても陸上のカーナビのように、海図情報をディスプレイ上に表示する電子海図が開発されています。ひと口に電子海図といっても、法的に紙海図と同等のものから航海参考用の簡略なものまで多様です。法的に紙海図と同等物はECDIS（**電子海図表示装置**、写真4-5）という装置を用い、海図データとして、ENC（**航海用電子海図**と呼ばれ、海図情報をIHOが規定した国際基準に従ってデジタル編集したもの）を用いて表示されたものです。紙海図同等物の**電子海図**（ECDIS/ ENC）は、図上に船の位置を自動的にプロット・記録できる、縮尺を任意に変更できる、浅瀬やあらかじめセットした避険線などに近づくとアラームで注意喚起できるなどの機能があり、省力性と安全性に優れています。

写真4-5　ECDIS（電子海図表示装置）

国際海事機関（IMO）は、2012年7月から国際航海に従事する500トン以上の新造旅客船、3,000トン以上の新造タンカーにはECDISの備付けを義務付け、その他の船にもドッグ入渠に際し、順次搭載することを義務付けています。この義務化により、外航船では紙海図から電子海図への流れが急速です。しかし、世界的なENCの整備や提供体制、航海者のECDIS使用の習熟などの課題も少なくありません。

国際海事機関（IMO）は航海の安全、海洋環境の保護などの観点から電子的手段による海洋情報の調和のとれた収集・統合・表現及び解析する次世代の航行システム「e-Navigation」計画を推進しています。ここでも電子海図情報は、システムの中核的情報としての役割を果たしていくことになるでしょう。

（2）海洋地理空間情報－海洋台帳－

国の内外ではIT技術などの進展に伴い、空間上の特定の地点又は区域の位置を示す情報とその場所に関係する地図、画像、各種データなどから成る「地理空間情報」が従来の地図整備を包含する形で進められています。海の分野においても、**海洋地理空間情報**の必要性がうたわれ、海洋先進国ではマリンカダスタル（海洋地籍図）などとして整備が進められています。

海上保安庁は**日本海洋データセンター**（JODC）として長年にわたり、海上保安庁が収集した情報だけでなく国内外の海洋調査機関などで得られた海洋情報を一元的に収集･管理し､インターネットなどを通じて国内外の利用者に提供しています。また2007年に策定された海洋基本法に基づく海洋基本計画に従い、海洋情報の一元化を促進するため国の関係機関などが保有する海洋情報の所在を検索できる「**海洋情報クリアリングハウス（マリンページ）**」を構築するとともにWeb-GISである**「海洋台帳」**を構築・運営しています。これは、海域の総合的管理、利用・開発に必要な自然的（水深、海上気象、海流、水温ほか)、社会的（名所・旧跡、漁業権、船舶通航情報ほか）なさまざまな海洋情報をビジュアル化し、背景となるベースマップ（白地図、海底地形図ほか）画面上で重畳表示を可能とするものです。さらに内閣の総合海洋政策本部の総合的調整のもと、この台帳を基盤として衛星情報を含め広域性、リアルタイム性の向上を高めた我が国の**海洋状況把握**（**MDA**）の能力強化に向けた取り組みとして、**海しる**（**海洋状況表示システム**）を2019年4月から各省庁と連携・協力して進めています。

【注】

1）International Convention for the Safety of the Life at Seaの略称で、頭文字をとりSOLAS条約として知られている。

【参考文献】

・伊藤　等（2013)「学校教育に海図を使おう」月刊地理58-8、古今書院。
・伊藤　等（2013)「海図を教材として学校教育に利用する場合の一考察（資料紹介とその解説)」地図51-4。
・伊藤　等（2017)「海図を学校教育に利用しませんか」地図中心539。
・今井健三（2010)「海の地図を教材に使おう」地図情報30-2。
・今井健三（2013)「「白島国家石油備蓄基地」を海図から読み解く」月刊地理58-11、古今書院。
・今井健三（2014)「「瀬戸内海の離島の生活インフラ施設」を海図から読み解く」月刊地理59-11、古今書院。
・上田秀敏（2013)「海図を見たことがありますか」月刊地理58-8、古今書院。
・ト部勝彦（2013)「地理教育における海図の利用拡大をめぐって」地図51-4。
・太田　弘（2003)「学校教育での「海図」の利用－海図で学ぶ海の地理・地誌学－」Ocean Newsletter 68、海洋政策研究所。
・沓名景義・坂戸直輝（1994)『海図の知識』成山堂書店。
・小関勇次（2013)「海図を使った授業実践」月刊地理58-8、古今書院。
・野村正七（1974)『指導のための地図の理解』中教出版。
・三木　綾（2013)「海図を身近に感じてほしい」月刊地理58-8、古今書院。
・八島邦夫（2015)「海図を利用した領海教育･海洋教育の充実」月刊地理60-1、古今書院。
・海上保安庁（2019)「海上保安レポート2019」日経印刷。

コラム 10：世界中に初めて日本の正しい形・位置を伝えた英国海図

1. 英国伊能小図とは

日本の多くの人々は、伊能忠敬は日本で初めて近代的な日本地図を作製した人物であることを知っていると思います。2018 年は伊能忠敬没後 200 年に当たり、いろいろな団体が種々の催しを計画しました。

ところで、江戸時代末期に伊能図が英国に渡り、当時、七つの海を支配し、全世界の海図を刊行していた英国海図により日本の正しい形・位置（経度）が初めて世界中に伝えられたことをご存知の方は少ないのではないでしょうか？

一口に伊能図といっても多種多様で、伊能忠敬研究会（2016）によると、「伊能図」とは伊能忠敬と彼の率いる測量・地図作製チームにより作製された地図の総称で、種類が多く混乱しますが、単に伊能図という場合は、最終本・伊能図とする場合が多いのです。これは忠敬没後 3 年後の 1821（文政 4）年に、幕府天文方高橋景保の指導のもと隊員らにより完成し、幕府に上呈された「大日本沿海輿地全図」）のセットであり、この場合の「伊能図」は大図、中図、小図から成ります。日本を 3 図でカバーする小図のフルセットは、現在確認されているところでは、東京国立博物館（東博小図）と英国に渡った英国小図の二つです。英国小図は、江戸時代末期に幕府が英国公使オールコック公使を通じて英国海軍に提供したもので、英国は当時、門外不出の図書だった伊能図を世界で初めて評価し、英国海図を通じて日本の正しい形・位置を世界中に伝えました。

2. 英国伊能小図の特色

英国小図は英国海軍に提供され、海軍水路部が所蔵してきましたが、現在は、英国ナショナルアーカイブズが保有しています。

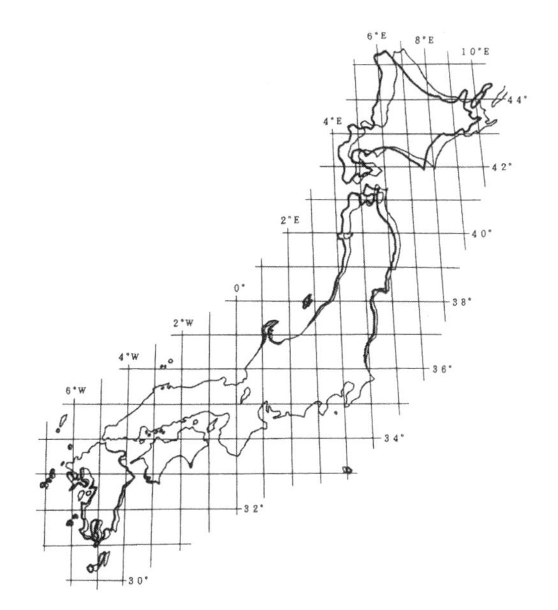

コラム図 10-1　現在の地図（太線）と伊能の地図（細線）
（鶴見 1998 による）

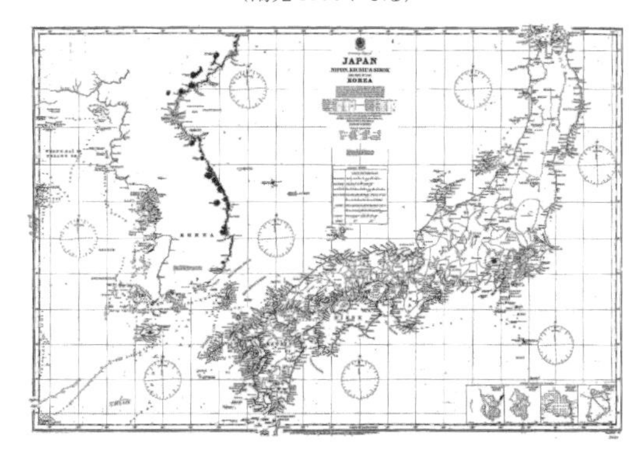

コラム図 10-2　伊能図を用いて作製された英国海図「日本」
（1863 年刊行）

英国小図は虫食いもなく保存状態が大変良いのですが、日本に残る小図との違いは、英国海図を作製するため、地名にアルファベット・英語を付記していること、海岸線を太い朱線でなぞっていること、北海道周辺などに新たな経線が記入されていることなどです。伊能図は現代の地図と比べて日本列島の形状などについて遜色がありませんが、コラム図 10-1 にみるように北海道周辺と九州周辺で東西方向（経度）にズレが見られます。伊能忠敬は天文観測による経

コラム写真 10-1 ナショナルアーカイブズ所蔵の英国小図

緯度測定を試みましたが、経度測定は困難で、経線は京都を通る経線を基準として独自の計算で求めた値を後に図上に記入したもののようです。

一方、当時英国はクロノメーター（携帯用精密時計）を遠洋航海の船に積み、グリニッジの原初子午線に基づく世界各地の経度を測定していました。

3. 日本の正しい形・位置を世界中に伝えた英国海図

英国は1800年代半ばには、現在の海図に通じる近代的な海図を世界的規模で作製・頒布していました。日本近海もクルンゼンシュテルンの地図などを用いて作製していましたが、英国海軍は、幕府より提供された伊能図の科学的価値を高く評価し、これを用いて海図を改訂し、世界地図の中で初めて日本を正しく位置付けました。

西川（2015）によると、日本において伊能忠敬の業績が評価されたのは明治以降であり、佐野（1882）は、東京地学協会の講演会で、伊能の業績について熱弁をふるい、伊能図が英国海図に活用されたことを紹介しました。保柳（1974）は、伊能忠敬の科学的業績を集大成した名著で、その中で英国海図の伊能図活用を紹介していますが、具体的活用は「日本」、「瀬戸内海」の2図に止まっていました。その後、鈴木（2015）は東大赤門旧蔵海図の調査結果から、「紀伊水道至江戸」、「九州」の2図を、八島（2017）は2016、2017年の英国水路部での調査から「千島列島」、「台湾至九州」、「壱岐島」、「朝鮮叢島南部」、の4図を確認し、現在のところ少なくとも8図の英国海図が伊能図を用いて作製されていることが確認されています。

【参考文献】

・鶴見英策（1998）「伊能図の読み方」『伊能図に学ぶ』東京地学協会編、朝倉書店。
・西川　治（2015）東京地学協会第293回地学クラブ講演会「伊能忠敬の世界的偉業」資料。
・鈴木純子（2015）「赤門書庫旧蔵地図にみる明治前期の地図編纂」『近代移行期歴史地理把握のタイムカプセル「赤門書庫旧蔵地図」の研究』東京大学史料編纂所研究成果報告。
・保柳睦美（1974）『伊能忠敬の科学的業績』古今書院。
・八島邦夫・鈴木純子（2018）「現存する（最終本）伊能小図をめぐって－英国伊能小図についての新知見を中心に－」地図51-1。
・伊能忠敬研究会（2016）『Ino Pedia 伊能図入門』伊能忠敬e資料館。

コラム11：初代水路部長 柳 楢悦の歩み

1. 柳楢悦の生い立ちと水路部創設以前の歩み

発足間もない明治政府は国防や海運立国の観点から独自に海図を作製する必要性を痛感し、1871（明治4）年9月12日に兵部省海軍部内に水路局を設立し、初代の水路部長（発足時は水路局長、のちの水路寮長を経て1886年に水路部長となる）に柳楢悦海軍少佐（後に海軍少将に昇進、コラム写真11-1）を任命しました。

コラム写真11-1　初代水路部長　柳楢悦海軍少将

柳は、津藩第10代藩主、藤堂高兌の小納戸役の子として、1832（天保3）年江戸の津藩江戸詰め下屋敷で生まれました。1855（安政2）年に、幕府により創設された長崎海軍伝習所の第1期生として勝海舟、五大友厚らとともにオランダ式の航海術、砲術などを学びました。その後、津藩の航海術指南役を務める一方、幕府海軍の咸臨丸に従い伊勢、志摩、尾張の測量に携わりました。

1869年には明治政府の海軍創設の基幹要員として上京し、兵部省海軍部に出仕しました。明治政府は海軍の兵制は英国式とする方針で、水路技術も英国式を取り入れることとし、英国に日本沿岸の測量の許可を与える代わりに、水路測量技術の技術移転を依頼しました。技術移転は、1870年以来、合併測量方式で行われることになりました。この方式は日英それぞれの測量艦1隻が参加するもので､南海測量（的矢、尾鷲湾ほか)、引き続いての瀬戸内海塩飽諸島の測量には英国側はシルビア号、日本側は第一丁卯（ていぼう）丸が参加し、柳が測量主任として乗り込みました。塩飽諸島の測量は1870年に日英艦が別々に測量し、測量原図を作成する方式で行われました。日本側が作製した「塩飽諸島実測図」は、英側作成の測量原図ときわめて類似し、英側からその内容を高く評価されました。この測量原図は、我が国最初の測量原図で大変貴重なものでしたが、1871年の水路部庁舎付近の大火と1923年の関東大震災の2度にわたる被災により完全に失われました。

コラム写真11-2　測量艦「春日」
（1200トン、薩摩藩献艦）

その後､柳は1871年4月に測量艦「春日」（コラム写真11-2）の艦長（海軍少佐）に任じられ、北海道での日英の合併測量（英国測量艦はシルビア号）で、野付錨地、珸瑤瑁（ごようまい）水道、小樽など）を実施しました。そして、「春日」は、北海道から東京への帰路に宮古港、釜石港などの測量を実施し、コラム13で述べる東北開発の一大拠点としての東松島野蒜湾を視察しました。

2. 水路部長就任以降の歩み

江戸時代末期には日本沿岸は欧米列強が水路測量を実施して海図を作製しており、柳はオランダ式､英国式の水路技術を学んできましたが、水路部創業の指針として「外国人を雇用せず、自力をもって外国の学問技術を選択利用し、改良進歩を図るべし」と自主独立の大方針を立て創設期の水路業務を推進しました。

1872（明治 5）年には前年に艦長として測量した釜石港の海図を編集、印刷の全工程を含め日本独自で実施し、我が国の第 1 号海図「陸中国釜石港乃図」を刊行しました（第 4 章図 4-1 参照）。縮尺は約 3 万 6 千分の 1、水深は尋（ひろ）（約 1.8m）で表され、山容はケバ式で描かれています。釜石港が第 1 号海図として選ばれたのは、釜石が東京・函館間の中間補給地点として重要な港であったこと、当時高炉による銑鉄の生産に成功していて官営製鉄所建設の直前であったことから、入港する船舶の安全と利便を図るためでした。

柳は北海道の沿岸測量時には同地で見聞した水路や風土事情をまとめた「春日紀行」を著し、これを基に 1873 年には我が国初の水路誌『北海道水路誌』を刊行しました。このほか、水路測量の大綱をまとめた『量地括要（りょうちかつよう）』を作成し、1874 年には観象台を完成させて天文・測地観測を始めました。1881 年には日本全国海岸測量 12 ヵ年計画を作成し、日本沿岸の海図作製を推進し、1888 年に水路部長を退官しました。

3. 南鳥島近くに聳える柳平頂海山

水路部退官後は元老院議員、貴族院議員を務め、60 歳で逝去しました。墓は東京の青山墓地にあり、勝海舟の筆による「海軍少将正三位勲二等柳楢悦墓」として発展する水路業務・海洋情報業務を見守っています。

コラム写真 11-3 柳平頂海山の 3-D 画像
（海上保安庁海洋情報部による）

南鳥島西方、約 360 km 付近に東西約 120 km、南北約 90 km、最大水深 5,600 m、最小水深 1,100 m、比高約 4,500 m の頂上が平らな海山があります（コラム写真 11-3）。2013 年の海底地形名小委員会（SCUFN）は、東京で開催されましたが、水路業務・海洋情報業務の礎（いしずえ）を築いた柳の功績を称え、この海山を国際名称である柳平頂海山（Yanagi Guyot）として承認しました。この海山付近にはレアアース泥など豊富な天然資源が眠っているといわれ、この海山は日本の将来に大きなプレゼントを贈ることになるでしょう。

【参考文献】

・海上保安庁水路部（1971）『日本水路史』（財）日本水路協会。

コラム 12：日本の海底地形図作製の歩み

1. 世界で初めての海底地形図

海の地図は航海用の地図として生まれ、発達してきました。そして最も必要とされたものは方位であり、船舶の大型化が進むまでは水深は必要ではありませんでした。水深が海図に記入されたのは16世紀頃からで、それは海の探検の結果得られたものでした。

海底地形測量が強く要望されたのは1850年頃から行われた海底電線の敷設であり、米国のモーリーが1854年に作製した「北西大西洋の水深図」が海底地形の表現を目的とする近代的な最初の海底地形図といわれています。

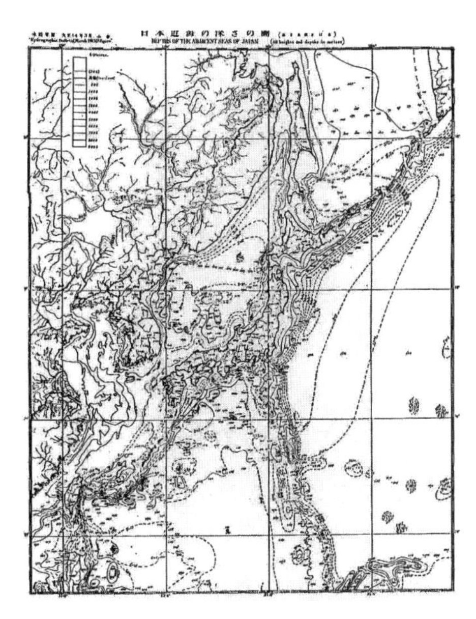

コラム図 12-1 日本近海の深さの図
（小倉 1939 による）

2. 日本の小縮尺海底地形図の歩み

ここでは、日本における小縮尺海底地形図の歩みについて述べます（コラム表 12-1）。

日本で海底地形図の概念のもとに作製された最初の海底地形図は、1925（大正 14）年に水路部の小倉伸吉技師による「日本近海の深さの図」（コラム図 12-1）です。この図は水路要報の「日本近海の深さに就いて」の論文付図として作製されたものです。縮尺、約850万分の1(基準緯度0度)、メルカトル図法で、1924年までに水路部が収集したデータに基づいており作製されており、海底地形は200 m、1,000 m、1,000 m以深は1,000 m間隔で等深線が描かれています。千島から伊豆・小笠原に至る海溝は一連の海溝として描かれ、その東縁については不明となっています。日本海については大和堆が記

コラム表 12-1 日本の小縮尺海底地形図の変遷

番号	図名	刊行年	縮尺	投影法	備考
	日本近海の深さの図	1925（大正 14）年	850 万分の 1	メルカトル図法	日本最初の海底地形図
6080	日本近海水深図	1929（昭和 4）年	812 万分の 1	メルカトル図法	段彩式
6901	日本近海深浅図	1952（昭和 27）年	800 万分の 1	メルカトル図法	田山利三郎博士編集 田中吉郎法
6301-6304	日本近海海底地形図 第1～第4	1966（昭和 41）～ 1968（昭和 43）年	300 万分の 1	メルカトル図法	日本近海を 4 図より構成
6901	日本近海海底地形図 （浮彫式）	1971（昭和 46）年	800 万分の 1	正規多円錐図法	水路部創立 100 周年記念、 田中吉郎法
	日本南方海域	1991（平成 3）年	250 万分の 1	ランベルト正角円錐図法	水路部創立 120 周年記念
6301 ほか	大洋の海の基本図	2007（平成 19）年 ほか	300 万分の 1	ランベルト正角円錐図法	大陸棚調査の成果
6726 ほか	大陸棚の海の基本図	1996（平成 8）年ほか	100 万分の 1	ランベルト正角円錐図法	大陸棚調査の成果

入されていますが、現在と大分様相が異なり、南方海域は資料不足によりほとんど描かれていません。1926年に東京で開かれた第3回環太平洋学術会議に展示されました。

1929年に刊行された「日本近海水深図」は小倉伸吉の図を基に、1928年までの水路部の資料を加えて作製されたもので、縮尺812万分の1（基準緯度35度）、メルカトル図法で、深海に関する資料が増えて深度区分は6段階となりました（コラム図12-2）。

コラム図 12-2 6080「日本近海水深図」
（1929年刊行）

1952年に刊行された「日本近海深浅図」は、水路部測量課長の田山利三郎博士が1944年までの資料（海淵の水深だけは1952年の印刷直前まで記入）を用いて500 m間隔の等深線で編集したもので、この図の解説と海底地形分類をまとめた「日本近海海底地形学図」（コラム図12-3）が水路要報32号に掲載されました。当時、フルブライト派遣研究員として来日し、主に水路部に滞在していたロバート・ディーツは「日本近海深浅図」などから「海洋底拡大説」のヒントを得たといわれています。なお、等深線は、九州大学の田中吉郎博士が創案した彫塑的水深曲線法（田中吉郎法、浮彫式ともいわれる、コラム図12-4）を使用しています。

1966～1968年には、日本近海を4図から構成される「日本近海海底地形図」が刊行されました。縮尺は300万分の1（基準緯度35度）、メルカトル図法で、1965年までの水路部資料を用いて200 m、500 m、以下500 m間隔の等深線で描かれ、深度区分は7段階に増えました。

1971年に刊行された「日本近海海底地形図（浮彫式）」は、水路部創設100周年を記念して作製されたもので、（田中吉郎法）を用いています。この手法は、マニュアル手法を用いた

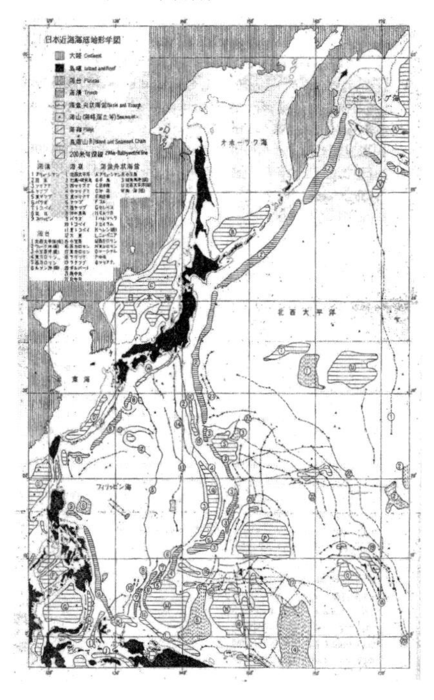

コラム図 12-3「日本近海地形学図」
（田山 1927による）

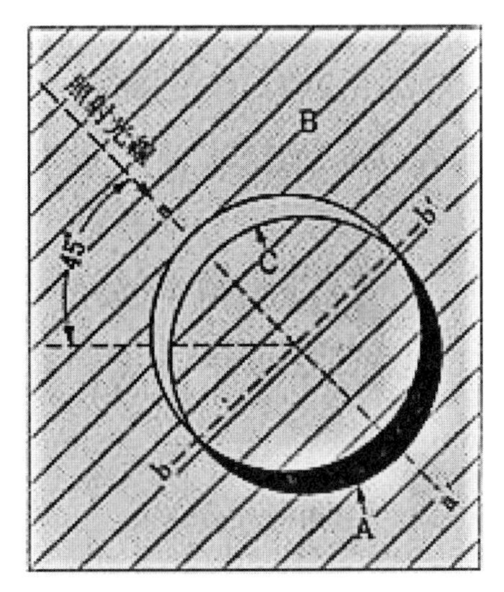

コラム図 12-4　田中吉郎法の原理
（田中 1939 による）

3-D 表現の世界の最高傑作の一つとして評価され、Kichiro Method として世界的に知られています。

この後、小縮尺の海底地形図は、海の基本図の中の 1 図として作製されるようになり、100 万分の 1 の「大陸棚の海の基本図」、300 万分の 1 の「大洋の海の基本図」の中の 1 図として刊行されています。

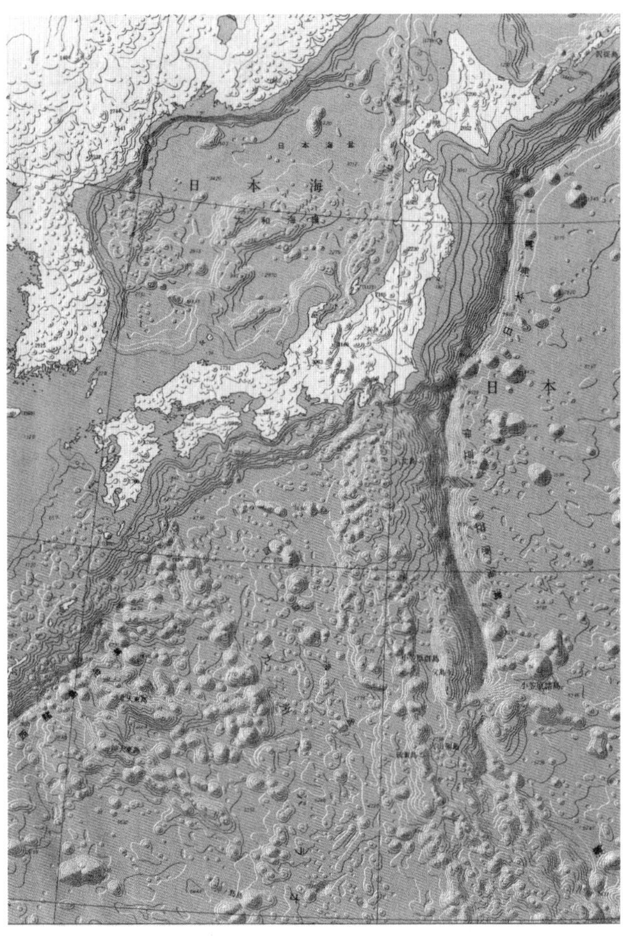

コラム図 12-5　6901「日本近海海底地形図（浮彫式）」
（1971 年刊行）

【参考文献】

・川上喜代四（1974）『海の地図－航海用海図から海底地形図まで－』朝倉書店。
・小倉伸吉（1925）「日本近海の深さの図」水路要報 28。
・田中吉郎（1939）「彫塑的水平曲線地図法の理論と描き方」地理学評論 15。
・田山利三郎（1927）「日本近海深浅図について」水路要報 32。

コラム 13：東松島野蒜海岸の変遷－旧版海図から知る－

1. 幻の野蒜築港計画と海図の作製

松島は安芸の宮島、天の橋立と並ぶ日本三景の一つで、松尾芭蕉も奥の細道の紀行文の中で「松島は、扶桑第一の好風にして、およそ洞庭、西湖に恥じず」という名文を残しました。これは、松島は我が国で一番景色の良いところで、中国の洞庭、西湖にも劣らないという意味です。松島は、260 ほどの島と松の美しさで知られています。

この松島湾の東に位置する野蒜湾（東名錨地）は、明治初めに明治天皇の東北巡幸の際の「春日」艦の停泊地となり、また、明治政府により東北開発の一大拠点として野蒜築港計画（コラム写真 13-1）が策定されたため、1876（明治 9）年に水路部により大縮尺の海図が作製され（コラム図 13-1）ましたが、自然条件を含む諸事情から、計画は中止となり、港の建設計画は幻に終わりました。

コラム写真 13-1　野蒜築港計画の遺構

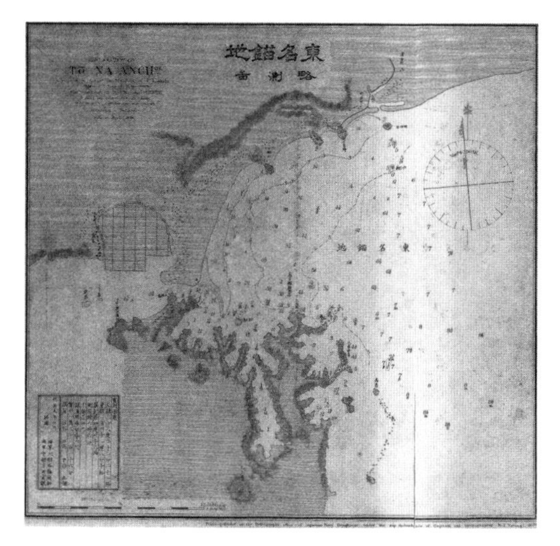

コラム図 13-1　海図「東名錨地」
（1876 年刊行）

2. 急速に発達した野蒜洲崎浜海岸

港の建設は幻に終わりましたが、野蒜湾付近はその後も何回か石巻湾の海図の分図[1]として測量及び改版が行われ、これらの海図から野蒜海岸の急激な変遷を知ることができます（八島 1998、コラム図 13-2）。

つまり、かつて松島湾最大の島であった宮戸島は、野蒜洲崎浜の発達により陸続き（陸繋砂州）になったことを知ることができます。そして波洗う野蒜の名称「不老山」などの島々や、かつての海食崖は砂に埋まり、陸の山や崖となったことが分かります（コラム写真 13-2、13-3）。ではなぜ、このように急速に砂が堆積したのでしょうか？　八島（1998）は、江戸時代初期から昭和初期にかけて行われた北上

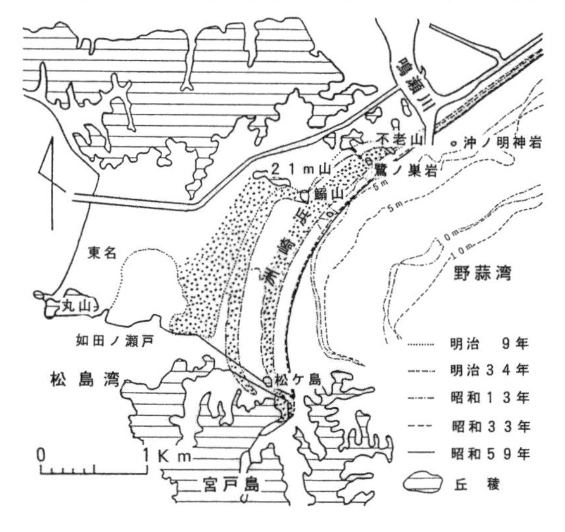

コラム図 13-2　旧版海図より見た野蒜洲崎浜の変遷
（八島 1998 による）

コラム写真 13-2　明治中期の野蒜の名称「不老山」
（旧野蒜資料館による）

川の河道付け替え工事が原因と考えました。つまり、北上川の本流はかって三陸海岸の追波湾に流入していましたが、江戸時代初期に伊達政宗は、石巻湾への河道の付け替えを計画したのです。昭和初期には、本流は再び三陸海岸に戻されたのですが、一時期、北上川本流の石巻湾流入により大量の土砂が石巻湾に流入し、これらの土砂が海岸沿いに西流する沿岸流によって運搬され、宮戸島により行く手を遮ぎられ、野蒜洲崎浜付近に堆積したと考えました。

コラム写真 13-3　昭和 50 年頃の「不老山」

2011 年 3 月の東日本大震災による大津波は、この野蒜洲崎浜を突き抜けて松島湾方向に進行してこの付近に大被害をもたらしました。近くを走る仙石線（仙台～石巻）も大被害を被りましたが、現在はルートを内陸側の高台に移して全線が開通しています。野蒜地域や全国の犠牲者のご冥福を祈るとともに、被災地の一日も早い復興を祈ります。

【注】

1）海図の一部を拡大して海図の図郭内に挿入した図。

【参考文献】

・八島邦夫（1998）「野蒜洲崎浜海岸の急速な地形発達とその要因についての一考察」季刊地理学 50-4。

参考　海図などの閲覧・購入方法

1. 海図などの閲覧

海図などが図書館や書店などで保存・販売されていれば、そこで閲覧、購入することができます。図書館などが歴史的に参考になる海図などを保有・展示することはありますが、書店で最新の海図を扱うことは稀です。これは、第2章で述べたように海図は最新維持（アップツーデート）の状態で航海者に提供するためであり、在庫海図一枚一枚に水路通報に基づき加除訂正を行う必要があるからです。

海上保安庁海洋情報部は、東京都江東区青海の青海合同庁舎及び全国の第一～第十一の管区海上保安本部に「海の相談室」を設けており、一般の方が海図、水路誌その他の海洋情報を無料で閲覧、問い合わせを行うことができます。「海の相談室」では、海図などのカタログである水誌第900号「水路図誌目録」で見たい海図を選んで閲覧できます。

また、東京の「海の相談室」では、隣接して海洋情報資料館を設けてあり、第4章で述べた海図などの資料検索システム、海図アーカイブにより、旧版海図などを検索・閲覧できます。

・海上保安庁海洋情報部・海の相談室
〒100-0064 東京都江東区青海2-5-18 青海合同庁舎1階
☎ 03-5500-7155

＜各管区海洋情報部・海の相談室＞

・第一管区海上保安本部海洋情報部（小樽）
〒047-8560 小樽市港町5-3
☎（代）0134-27-0118（内）2511

・第二管区海上保安本部海洋情報部（塩釜）
〒985-8507 塩釜市貞山通3-4-1
☎（代）022-363-0111（内）2511

・第三管区海上保安本部海洋情報部（横浜）
〒231-8818 横浜市中区北仲通5-57
☎（代）045-211-1118（内）2511

・第四管区海上保安本部海洋情報部（名古屋）
〒455-8528 名古屋市港区入船2-3-12
☎（代）052-661-1611（内）2511

・第五管区海上保安本部海洋情報部（神戸）
〒650-0042 神戸市中央区波止場町1-1
☎（直）078-391-1299

・第六管区海上保安本部海洋情報部（広島）
〒734-8560 広島市南区宇品海岸3-10-17
☎（代）082-251-5111（内）2520

・第七管区海上保安本部海洋情報部（門司）
〒801-8507 北九州市門司区西海岸1-3-10
☎（直）093-331-0033

・第八管区海上保安本部海洋情報部（舞鶴）
〒624-8686 舞鶴市字下福井901
☎（直）0773-75-7373

・第九管区海上保安本部海洋情報部（新潟）
〒950-8543　新潟市中央区美咲町1-2-1
☎（直）025-244-4140

・第十管区海上保安本部海洋情報部（鹿児島）
〒890-8510 鹿児島市東郡元町4-1
☎（代）099-250-9800（内）2511

・第十一管区海上保安本部海洋情報監理課（那覇）
〒900-8547 那覇市港町2-11-1
☎（代）098-867-0118　（内）2511

2. 海図などの購入方法

海図などは、次の四つの水路図誌販売所およびそれらの支店、取次店で入手できます。水路図誌販売所およびその水路図誌販売所の支店からは直接、取次店からは間接的に購入することができます。これらの水路図誌販売所、それらの支店、取次店の名称、住所、電話番号などは、海図などのカタログである書誌第900号「水路図誌目録」（A2版、全63頁、定価1,438円）「水路図誌目録」の巻末に記載してあります。海図などの購入にはこの「水路図誌目録」及び（一財）日本水路協会のホームページ（www.@jha.jp）から目的の海図などを検索することができます。

<水路図誌販売所>

①三洋商事（株）

東京都中央区新川 1-17-25 東茅場町有楽ビル

☎ 03-3551-8311　tokyo@sannyotrading.jp

②（一財）日本水路協会海図サービスセンター

東京都大田区羽田空港 1-6-6 第一綜合ビル 6 階

☎ 03-5708-7070　sale@jha.jp

③コーンズ・アンド・カンパニー・リミテッド海図グループ横浜海図チーム

横浜市中区山下町 273 JPT 元町ビル

☎ 045-650-1380　sales6121@cornes.jp

④日本水路図誌（株）神戸営業所

神戸市中央区江戸町 85-1 ベイ・ウィング神戸ビル 8 階

☎ 078-331-4888　jhc-kobe@jhchart.co.jp

あとがき

著者の八島邦夫、今井健三は元海上保安庁海洋情報部職員で、長い間、海図作製に携ってきました。八島は、本書第2章で述べた「海底地形の名称に関する検討会」の現委員及びGEBCO指導委員会、SCUFNの元委員で国内外の海底地形名の標準化の仕事に長く従事してきました。その中で、2001年のSCUFNにおける春の七草海山群などの多数の和製海底地形名称の承認は思い出に残ります。また、国連海洋法条約批准時に、海上保安庁水路部に設置された「領海確定調査室」の室長として領海などの技術的事項の諸検討に関与しました。

今井は、長い間海図の編集に携さわり、地図学会の用語部会主査を務めるかたわら、日本地図学会の海図チュートリアルなどで海図の普及・啓もうに大変尽力しています。

伊藤　等は、大学講師、高校教師として学校教育（地理）に海図を多く取り入れ、また、横浜みなと海洋博物館ほかで「親子の海図教室」、「大人のための海図教室」などを開設し、一般への海図の普及・啓もうに大変尽力しています。

3人の立場は異なっていましたが、大学では地理学を学び、地図学会などでは若い頃から海図をめぐる諸問題に関心を持ち議論してきました。

我が国は海から多くの恩恵を受け、また海によって外敵から守られる海洋国家です。しかし、海に接するのは釣り、海水浴、レジャーを楽しむ程度で、クルーズ旅行が盛んになってきたとはいえ、船に乗るのもほとんどないのが実状と思います。

このためか海に関する理解や関心は低く、学校教育に海図はほとんど取り入れられていないのが現状です。

古今書院は、月刊「地理」の2013年8月号において「海図はおもしろい」というタイトルの海図特集号の発行を企画し、執筆の機会を得て、2014年まで計8回にわたり、海図に関する記事を執筆しました。この中で国連海洋法条約による新たな海の秩序づくりにおいて、海図は国家主権を支えるという重要な役割を再認識しました。

著者らは長い間、海図の一般本の出版を願ってきましたが、古今書院には、前述のような状況に理解を示していただき、今般の出版の機会を与えて頂きました。

今回の出版本により、海図とは何か、海図には航海を支える役割と国家主権を支える二つの役割があり、海洋国家日本にとっては国の礎であることを多くの人に知ってもらえれば望外の喜びです。

海図の学校教育への取り入れ、海図の国民の理解の促進には、さらに海図の読み方・利用法に関するガイドブックの整備など課題は少なくありませんが、これらは今後の課題とします。

本書作成に当たっては、加藤幸弘部長をはじめとする海上保安庁海洋情報部の多くの皆さん、（一財）日本水路協会の皆さんには資料の提供、有益なご助言などを頂き大変お世話になりました。心からお礼申し上げます。また、3人の総意として長い間にわたって海図の重要性を理解し、励まして頂き、無理な注文も聞いて頂いた古今書院編集部の原光一さん、福地慶大さんに心から感謝します。

八島邦夫

著者略歴

八島邦夫（やしま　くにお）元・海上保安庁海洋情報部長

1948年宮城県生まれ。東北大学理学部地理学科卒業。1971年に海上保安庁入庁。以来、主に水路部・海洋情報部にて海図・海底地形図作製等に従事し、第五管区海上保安本部（神戸）水路部長、本庁領海確定調査室長、海上保安大学校教授、本庁水路部沿岸調査課長、水路部企画課長、第九管区海上保安本部（新潟）次長、本庁海洋情報部長を歴任。退官後は（一財）日本水路協会理事、技術アドバイザー、（株）武揚堂顧問等を歴任し、現在は（公社）東京地学協会監事。専門は海洋地図学・海底地形学で博士（理学）。GEBCO（大洋水深総図）指導委員会委員・SCUFN（海底地形名小委員会）委員等を歴任したほか、現在「海底地形の名称に関する検討会」委員を務める。『海のなんでも小事典』（共著、講談社ブルーバックス）、海図、海底地形名称、瀬戸内海の海底地形などにつき著作物多数。

今井健三（いまい　けんぞう）元・海上保安学校海洋科学教官室長

1942年旧朝鮮生まれ。日本大学文理学部地理学科卒業。海上保安庁水路部で海図編集、水路技術者教育等に従事。退官後2011年まで（一財）日本水路協会で電子海図、水路測量技術者養成、海図普及啓発等に従事、現在は（一財）地図情報センター理事。専門は海洋地図学で日本地図学会評議員、同学会地図用語専門部会主査、日本航海学会終身会員、日本国際地図学会編『日本主要地図集成』（共著、朝倉書店）などの著作物あり。

伊藤　等（いとう　ひとし）一般財団法人地図情報センター 監事、行事委員会委員

1950年東京生まれ。日本大学大学院理工学研究科地理学専攻博士課程単位取得満期退学。元日本大学薬学部教養系専任講師、水路部歴史的成果研究会委員、日本国際地図学会（現日本地図学会）常任委員、歴史地理学会常任委員などを歴任。「小学生親子のための海図教室」、「大人のための海図教室」、「夏休み自由研究用海図教室」を小学校、博物館等々にて20余年前より講師を務める。加藤茂・伊藤等監修『海の底にも山がある！』徳間書店など。

書　名	**日本の海と暮らしを支える海の地図－海図入門－**
コード	ISBN978-4-7722-6119-7　C1025
発行日	2020年5月15日　初版第1刷発行
編著者	**八島邦夫**
	Copyright ©2020 YASHIMA Kunio
発行者	株式会社古今書院　橋本寿資
印刷所	株式会社太平印刷社
発行所	**(株) 古 今 書 院**
	〒113-0021　東京都文京区本駒込5-16-3
電　話	03-5834-2874
ＦＡＸ	03-5834-2875
ＵＲＬ	http://www.kokon.co.jp/
	検印省略・Printed in Japan